高等院校艺术设计专业规划教材

蓝先琳 主编

计算机辅助设计
CorelDRAW X4

刘金平 编著

中国轻工业出版社

图书在版编目（CIP）数据

计算机辅助设计CorelDRAW X4 / 刘金平编著.—北京：
中国轻工业出版社，2012.1
高等院校艺术设计专业规划教材
ISBN 978-7-5019-8243-1

Ⅰ. ①计… Ⅱ. ①刘… Ⅲ. ①图形软件，CorelDRAW–
高等学校–教材 Ⅳ. ①TP391.41

中国版本图书馆CIP数据核字（2011）第180852号

责任编辑：毛旭林
策划编辑：李 颖　　责任终审：劳国强　　封面设计：锋尚设计
版式设计：锋尚设计　　责任校对：晋 洁　　责任监印：吴京一

出版发行：中国轻工业出版社（北京东长安街6号，邮编：100740）
印　　刷：北京画中画印刷有限公司
经　　销：各地新华书店
版　　次：2012年1月第1版第1次印刷
开　　本：889×1194　1/16　印张：6.5
字　　数：230千字
书　　号：ISBN 978-7-5019-8243-1　　定价：38.00元（含光盘）
邮购电话：010-65241695　传真：65128352
发行电话：010-85119835　85119793　传真：85113293
网　　址：http://www.chlip.com.cn
Email：club@chlip.com.cn
如发现图书残缺请直接与我社邮购联系调换
101203J2X101ZBW

序

当前，中国的高等教育已进入大众化阶段，历经跨越式发展，教材需求与日俱增，教材市场欣欣向荣。在高等教育的专业设置中，艺术设计专业起步较晚，是个年轻的小字辈。近年来，随着文化创意产业的繁荣，艺术设计专业教材得以长足发展。艺术设计专业强调"艺术"与"创新"，编写有创见、有品质的专业教材却非易事。10年前我们和中国轻工业出版社合作，成功出版了一套高等教育艺术设计专业教材。10年之后的今天，教材市场风生水起。在竞争激烈、相对浮躁的大环境下，我们沉下心来重整旗鼓，准备打造一套高等教育艺术设计专业的精品教材，为培养高素质的创新人才添砖加瓦。

本套教材立足于21世纪的时代高度，努力适应社会发展和科技进步的需求，在创新教育理念指导下开展策划。教材总体以专业课程为依托，以教学的科目和进程为导向。为使选题规划落在实处，我们深入各地高校，了解专业设置、课程改革和教材建设情况。我们关注各校的办学理念和风格，在充分调研的基础上集思广益，形成教材编写思路。在反映学科和教改最新成果的同时，我们顾及大多数高校的教学现状，使书目体系更加合理、规范，使教材的内容和编写方法得到更多受众的认同。

改革创新是教育发展的强大动力，也是教材编写的基本出发点。本套教材适应创新型人才培养模式，改变单纯灌输的教学方法，注重学思结合，强调理论与实践并举。知识阐述和课题训练是本套教材的基本内容。知识阐述以教学规律为逻辑主线，围绕核心知识组建课程构架，通过系统、明确、精炼的推导，深入浅出地诠释知识及其专业内涵。课题训练以学习实践过程性知识为特征，课题设计围绕核心知识展开，将理论知识的原理、规则和方法转化成可操作的课题，以项目教学、案例教学等手段强化实践环节，通过探究式、讨论式和参与式的课题启发学生的创新思维，培养其专业实践能力。

本套教材努力遵循教育规律，体例上尽可能与教学进程相呼应，"单元教学提示"、"总结归纳"和"设计点评"等内容的设置，使教材更好用，更具实效。图稿是艺术设计类教材的重头戏，本套教材选用的图片新颖、精美、专业针对性强，不失为"好看"的教材。信息量大、资料性强是本套教材的另一特点，除丰富的文字内涵、可观的图片数量，还用光盘的形式扩大信息贮存量。从艺术设计教育的专业特性出发，我们为本套教材设计了相对宽泛的读者群，不仅针对普通高等教育艺术设计专业，还兼顾了高职高专的相关专业。同时，对于自学、培训等群体，本套教材也是不错的选择。

本套教材的作者均为高校教学一线的教师，其中不乏教授、专家，以及功力深厚的设计师。他们丰富的专业学识、教学经验和艺术实践功力，为本套教材奠定了专业的品质基础。两年多来，出版社的领导和编辑们以极大的热情关注本套教材的编写，他们的工作保证了本套教材的正常运行与发展。但愿我们共同打造的这套教材成为名副其实的精品，并获得广大读者的认同。

谨以此序鸣谢为本套教材辛勤付出的作者及编辑！鸣谢所有为我们提供帮助的院校领导及师生。

蓝先琳

2011年8月

课程综述
创意思维与数字技术交汇的地方

第一单元

CorelDRAW X4
造型工具应用篇

009

教学阐述

目 录
contents

课程综述

创意思维与数字技术交汇的地方

计算机技术的广泛应用，迅速改变着艺术设计领域的创意表现手段、生产方式和信息传播方式，促进着图形、图像视觉语汇的发展与多媒体时代到来，同时也改变着人们的生活方式和观念。不管你从事哪一个专业或对计算机技术持有何种态度，数字技术总以势不可挡之势进入到我们工作、生活的每个领域。因此，顺应时代的发展，积极主动地掌握计算机应用技术，已经成为我们的必须。

计算机技术的发展，并没有切断人类文化的延续，而是使之更加数字化、多元化地发展。在艺术设计领域，众多的计算机软件针对或适应着不同的专业，早已彰显出各自的优势，促进着设计艺术的数字化和产业化蓬勃发展。

1. 艺术设计意识与计算机软件技能

在艺术设计和艺术设计教育领域，设计意识和计算机技能的共同提高已经成为人们的共识。我们强调计算机技术的重要性，但不能幻想着按一个键就能完成一项有设计思想的任务，脱离了艺术设计思维的计算机技能不可能产生出感动人心的作品，墨守成规亦不是开展创作的应有态度。电脑是一种工具，它将成为怎样的一件事物完全取决于我们如何使用它。

计算机软件平台应该是创意思维和数字技术交汇的地方，是艺术设计者必备的"工具"，不能忽视"工具"在实现梦想时的重要，更不可只做"工具"的功能再现者而忽视艺术设计法则的学习。我们应该在艺术设计理论或艺术表现实践的基础上，主动掌控这种特殊的媒质或手段。只有摆正艺术设计思维和技术表现的关系，才会在人机对话中获取主动而更胜一筹，因为所有的计算机软件程序，都是在总结了某种专业技术的基础上开发、发展出来的，优秀的设计取决于设计思想和技术表现的高度统一。

本教材的编写和课程设计是针对艺术设计领域中的计算机技术应用，鉴于艺术设计并不是单纯的技术学科，而是技术与艺术的结合与统一，因此，所举案例力求在艺术设计意识的指导下选择、应用计算机技术，并从中体现出设计创作中技术与艺术是怎样结合起来的。

2. CorelDRAW X4软件的主体功能与艺术设计专业应用范围

软件在某种功能方面的突出表现，往往是形成其应用范围的原因。CorelDRAW Graphics Suite是由著名的加拿大Corel公司研发的图形设计软件。从1989年开始推出版本6发展到现在的13、14版本。该软件除了CorelDRAW（矢量图形与版式设计）、CorelPHOTO-PAINT（图像处理和艺术加工）两个主程序之外，还包含一整套的图形精确定位、变形控制、多种模式的调色方案，并且支持绝大部分图像格式的输入与输出，可以与其他软件畅通无阻地交换共享文件从而在艺术设计专业领域，特别是平面设计领域被广泛应用。

在设计软件的选择应用上，是根据软件的突出功能来确定其适用范围。一旦明确了软件"工具"与实现设计目的的关系，也就明确了做什么事情用什么软件的选择问题。事实上，艺术设计范畴软件的运用是多个软件的综合运用和多种介质的综合应用，因为数字艺术的整体水平体现并不是单纯地依靠技术，而是技术与艺术的结合。

在众多的计算机软件中，可以选择适合所从事专业工作的软件来学习掌握，事实上每一款软件都是由具备某种专业特长的设计师参与开发的。我们从不同软件的"术语"中可以看到某种专业的特性。比如Photoshop是图像处理者的必备，而CorelDRAW则是矢量绘图和图文编排的首选。虽然不同专业有着对不同软件的使用选择，但多种"工具"的配合运用才会有更出人意料的创意表现。这款软件能做什么或者还能做什么，有赖于我们对它的掌握和运用，只有充分了解、熟练掌握并灵活应用它，才能体验到它的强大功能和优良表现，并运用它创作出富于个性化的艺术设计作品。

3. 《计算机辅助设计——CorelDRAW X4》的教学特点、学习方法和教学目标

计算机辅助设计课程中CorelDRAW软件应用，主要是针对艺术设计中的平面设计专业开设，同时兼顾艺术设计范畴的其他专业来组织、设计教学案例。本教材采用艺术设计实践案例和软件工具、功能讲解相结合的方式来展开教学，在很大程度上避免了单纯工具指令释义的讲解弊端。尽管本教材所设计和采用的案例还未能涵盖CorelDRAW软件的所有功能，但力求所举案例的工具、功能与设计任务结合的典型性，将软件功能的可能性与艺术设计效果表现的多样性结合起来，启发学习者有保障地创造性运用工具、功能，将丰富、完整的艺术创意表现出来。这是国际CG技术的产业标准，也是本教材的教学目标。

本教材归纳概括了CorelDRAW软件的矢量图形创建、图形的修改和整合、矢量绘图的特效表现、文本的编辑与特效、位图的调整转换和特效等核心内容。在软件应用和实际设计案例中，工具和功能的运用有时是打破界限、顺序且有覆盖和重复的，如遇到教学案例未能详述的软件命令或功能，可以通过查询软件的"帮助主题"来找到具体使用方法。

带着解决艺术设计问题的目的来学习软件应用，显然有学以致用、触类旁通的效果。数字技术的日新月异，势必超越旧有的概念或突破故有界线，我们足可以相信，这一软件"工具"或者"画笔"掌握在你手中会如虎添翼地作用于你的设计与创作。

《计算机辅助设计——CorelDRAW X4》课程，最好是在"平面构成"和"计算机基础"以及其他造型基础课程之后进行。在对专业基础理论和设计实践有所体验的前提下，学习这款软件就会轻而易举、触类旁通。

在本软件的教学中，强调数字技术与艺术设计目标相结合。但艺术教学也只能从规律入手，提供一把开启某种智慧之门的钥匙，创意思维的构想和设计意图的实现还需学习者自己来实践。

4. 学习 CorelDRAW 软件的准备与教学课时安排

学习CorelDRAW软件所需的设备，除了安装有CorelDRAW软件的计算机以外，建议准备：

① 存储U盘或移动硬盘，用来存储课题文件或相关素材。并有可靠的杀毒软件预防和控制计算机病毒的感染和传播。

② 数位板、压感笔对于插画设计非常有用，如果没有，选一款性能良好的鼠标也可以进行设计工作。

③ 拥有数码相机和扫描仪，在艺术设计创作中可及时输入所需素材。

④ 利用打印机输出是作品输出途径之一，如没有自行打印的方便条件，也可以将自己的作品储存起来拿到专业公司输出。

另外，CorelDRAW软件不但有着良好的Windows系统人机对话功能和简洁直观的界面，更有"帮助主题"和"这是什么"的适时提示功能，这些都为学习CorelDRAW软件提供了方便。当然，还可以登录CorelDRAW网站和其他视觉设计网站获取更多的参考信息和资源。

在课时安排上，若想用64或96个学时教授CorelDRAW这个功能庞大的软件，显然是不够的。但结合艺术设计中的相应课题，来归纳软件的相关功能运用，通过设计任务与软件技术相结合的案例教学，将软件中不同主体功能进行归纳，安排合适的教学课时，并运用课外课题训练，可以达到举一反三的教学效果，并完成本软件应用与艺术设计创意相结合的教学目标。

（注：本教材所举教学案例及作品赏析的CDR格式源文件请参见教学光盘）

CorelDRAW X4
造型工具应用篇

课程目标

通过本单元课程的学习，学生应较全面地掌握CorelDRAW软件的基础知识，熟悉各种工具的性能及其专业应用指向，初步具备CorelDRAW软件操作能力。

基本知识

CorelDRAW软件的基本术语与图形页面，CorelDRAW的图形创建，图形的修改与整合，矢量绘图的特效表现，文本的编辑与特效，位图的调整转换与特效。

课题训练

本单元的课题训练以课外实操为主，是针对主要知识点设计的小型训练课题，旨在引导学生消化课上学习的知识，并逐步掌握CorelDRAW软件的操作方法。

教学阐述

CorelDRAW X4是一款功能强大的平面设计软件，既有矢量绘图、矢量特效、文本编辑等强大功能，又有位图调整和特效编辑功能。也正是因为本软件主体功能在艺术设计各个领域的优良表现，才使其成为艺术设计专业所必修的软件之一。软件的工具、功能分别分布在工具箱、属性栏和相应的菜单之中。基于艺术设计的计算机使用，其造型的创建、效果的制造和整合编辑等，多是工具、功能的综合运用。艺术设计创作本无"统一"或"标准"的"公式"方法，软件工具对于设计效果的取得亦非公式化。本教材结合艺术设计创作案例，分别阐述、体验CorelDRAW X4软件的各种工具功能的运用，只是便于教学启示。从艺术设计的使用角度出发，CorelDRAW X4软件为我们提供了如下的主要工具功能：

① 线条、轮廓和基本图形工具。包括手绘、贝赛尔、钢笔和艺术笔工具和矩形、椭圆、多边形工具等；

② 造型修改工具。主要有形状、涂抹笔刷、粗糙笔刷、裁剪、橡皮擦工具等；

③ 颜色和效果制造的智能工具。包括交互式调和、轮廓图、变形、阴影、封套、立体化和透明度等工具；

④ 文本创建工具。主要有美术文本和段落文本以及相关的文字编辑特效等工具；

⑤ 整合管理绘图功能。如群组、图层、对齐和辅助线等功能；

⑥ 位图编辑功能。包括位图调整、位图与矢量图之间的转换以及位图特效等功能。

这些工具、功能、菜单指令和相关设置的配合应用，构成了CorelDRAW图形造型、文字编排和图形特效的整体功能和核心内容。学习掌握这些工具和功能并将其创造性地运用于艺术设计实践，是本单元教学的目标。

本单元采用CorelDRAW X4主要工具功能与艺术设计案例相对应的方式来阐述工具的使用，所举案例虽不尽典型和详尽，但还是对应了某种工具、功能的应用而展开。在所有工具、功能的运用上，都是可以举一反三的。在应对艺术设计任务时，工具的运用往往是综合而非单一的，一切都是在熟悉了工具的基本功能之后做出的反应。

下面让我们一起走进CorelDRAW，逐一体验不同工具所能够实现的功能应用，并将这些功能运用于艺术设计实践之中。

1.1 术语概念与页面视图——不可忽视的基本信息

CorelDRAW软件有自己的术语和基本概念，特有的术语概念也体现着软件的绘图特性；同时也具有简单而人性化的绘图界面、视图和功能构成等特点。这些看似简单的入门须知，恰是我们进入CorelDRAW的钥匙和体验矢量绘图的开始。

CorelDRAW软件中"术语"有自己的特指，也有专业、行业中约定俗成的用语。比如"矢量图"、"位图"是指数字图像的性质，"出血"则是印刷行业专用术语。了解这些术语的含义是学习本软件的基础。

由于CorelDRAW软件与Windows系统的良好兼容性，诸多基础指令和其他软件是相同、相通的，比如"打开文件"、"保存"或"拷贝"、"粘贴"等。

下面通过案例来阐述CorelDRAW的特性和相关入门知识。

1.1.1 CorelDRAW 的常见术语、概念

（1）常见术语

每一款软件都有各自的术语和概念，同一软件的不同版本也会有术语的变动和称谓的更改。正确认知软件中的术语和概念，有助于我们对软件的学习掌握以及对其特性的了解和应用。比如：

○ 对象——绘图中的一个元素，如线条、形状、图像、文本、曲线、符号或图层。在较早的版本中也称之为"物件"。

○ 绘图——在 CorelDRAW 中绘制的作品：如标志、招贴、插画和书刊设计等。

○ 泊坞窗——包含与特定工具或任务相关的可用命令与设置的窗口。

○ 出血——是指超过裁切线的图像，是印刷行业的专业术语。出血是在裁切位将图案延伸，以免切后的成品露白边。

○ CMYK——是 CorelDRAW 的默认颜色模式。由青色（C）、品红色（M）、黄色（Y）和黑色（K）组成的颜色模式。CMYK 印刷可以产生真实的黑色和范围很广的色调。在 CMYK 颜色模式中，颜色值是以百分数表示的，因此一个值为 100 的墨水意味着它以全饱和度应用。

○ 展开工具栏——用于打开一组相关工具或菜单项的按钮。

○ 美术字——可以应用阴影等特殊效果的一种文本类型，是 CorelDRAW 中的特指，与设计行业通常的美术字概念有所不同。

○ 段落文本——可以应用格式编排选项并以大块文本进行编辑的一种文本类型。

更多的术语，详见教学光盘的CorelDRAW术语列表。当遇到不解其意的术语时，可以在帮助主题中查询，在此不展开列举。

（2）概念

"位图"和"矢量图"是数字图像的基本概念，也是明确 CorelDRAW 绘图特性的概念。

计算机图形的两种主要类型是矢量图形和位图。矢量图形由线条和曲线组成，是从决定所绘制线条的位置、长度和方向的数学描述生成的。位图也称为点阵图像，由称为像素的小方块组成；每个像素都映射到图像中的一个位置，并具有颜色数字值。

矢量图形是徽标和插图设计的理想选择，因为它们与分辨率无关，并且可以缩放到任意大小，还能够在任何分辨率下打印和显示，而不会丢失细节或降低质量。此外，可以在矢量图形中生成鲜明清晰的轮廓。

位图对于相片和数字绘图来说是不错的选择，因为它们能够产生极佳的颜色层次。位图与分辨率息息相关，也就是说，它们提供固定的像素数。虽然位图在实际大小下效果不错，但在缩放时，或在高于原始分辨率的分辨率下显示或打印时，图像质量会降低（见图1-1）。

可以在CorelDRAW中绘制矢量图形和编辑调整位图，所保存的文件格式为CDR。也可以在CorelDRAW中导入位图（例如JPEG和TIFF等格式的文件），并将它们融入绘图中。

矢量图不管放大到何种程度都不会降低质量。

位图在分辨率低或放大时会出现马赛克状。

▲ 图1-1　矢量图与位图之比较

1.1.2 CorelDRAW X4 的界面组成和认知

CorelDRAW X4与以前版本的工作界面基本相同，是由标题栏、各种屏幕组件、状态栏以及各种窗口控制按钮组成，这些组件的形状和外观以及操作方法完全符合Windows应用程序的传统风格（见图1-2）。

工作界面的左侧放置了工具箱，右侧是调色板和泊坞窗，上边是菜单栏、工具栏（标准）和属性栏，下边是状态栏显示及提示，中间是绘图页。这种分布近似于画室或工作室的布置。

○ 标题栏

显示CorelDRAW X4程序（版本）的标题，也显示着所编辑的文件的存储位置和文件名。左上角的程序图标中含有"恢复"、"移动"、"大小"、"最大化"、"最小化""关闭"和"下一个"指令，右上角的图标同样显示着"最大化"、"最小化"和"关闭"按钮，单击其"X"号或使用快捷键[Alt]+[F4]（Windows系统通用快捷键），都可关闭程序。

○ 菜单栏

其中包含着程序几乎所有的功能指令：文件、编辑、视图、版面、排列、效果、位图、文本、表格、工具、窗口、帮助等12个相对于不同功能的主菜单和更多的展开菜单。其实大部分操作指令已经以图标的形式分布在工作窗口中，还可以熟记 CorelDRAW 的快捷键来执行操作，也可以点击鼠标右键，弹出与操作相应的选型菜单。更多菜单内容详见贯穿以下的"工具使用举例"和"实战练习案

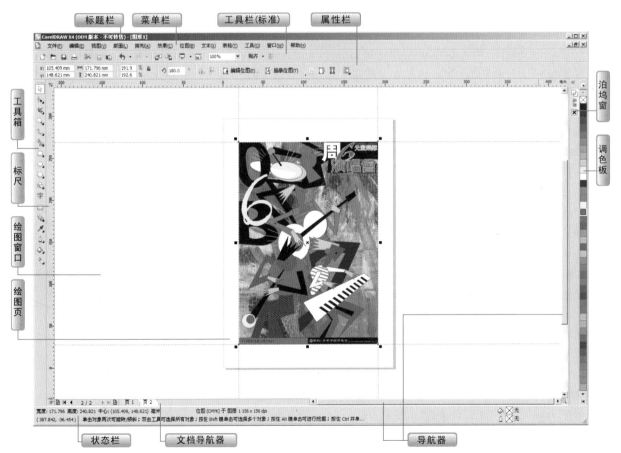

▲ 图1-2 CorelDRAW X4 的工作界面

例"中，在此不逐个展开陈述。

○ 标准工具栏

包含着菜单和其他命令（图标式）的快捷方式，诸如▣新建绘图、▣保存绘图、▣打开文件和▣▣恢复操作等指令。对其点击鼠标左键可以执行操作命令，点击鼠标右键也可以弹出相应的指令选项。在工作窗口所有的指令图标上停放鼠标，程序就会自动显示出其名称。

○ 属性栏

属性栏显示与当前活动工具或所执行任务相关的选项，是常用的功能，其内容随着我们的操作变化而变化，例如，文本工具为活动状态时，文本属性栏上将显示创建和编辑文本的相关命令。如改换其他工具，属性栏内就会显示与执行的命令相关的选项。工具栏中的各种工具与属性栏中的多个选项互相配合使用，正是CorelDRAW工作指令的特点，直观又快捷。

○ 工具箱

其中包含着菜单内和其他命令的图标式快捷指令按钮，其中凡是工具图标右下角带有小三角的按钮，是可以展开其他工具的。工具箱是我们创造矢量世界的武器库。各种工具的运用详解，请参见后面章节内容。

○ 标尺

是一组用于精确绘制定位的辅助工具，允许我们指定标尺的原点、度量单位等属性。用"挑选"工具在标尺上按下鼠标可以拖拽出纵横辅助线，它为精确定位绘图和对齐对象提供了方便。

○ 绘图窗口（工作区）

是工作时可以创建、添加和编辑对象的窗口空间，包括绘图页之外的区域，以滚动条或导航器来调节窗口的显示。需要注意的是："绘图窗口"和"绘图页"是有区别的，超出绘图页以外的绘图、编辑或更换图层有时会失效。

○ 绘图页（绘图区）

绘图页是我们的绘图"纸张"，是工作区域中可打印的区域。CorelDRAW默认的是A4竖向页面，可通过属性栏上的页面窗口自行选取设定页面大小。多数情况下我们是根据实际工作的需要来设置页面大小的。

○ 泊坞窗

包含与特定工具或任务相关的可用命令窗口。在菜单"窗口"的"泊坞窗"中，勾选需要的工具或命令窗口，其窗口会以折叠的方式停泊在工作区右侧，用时打开，不用时关闭。

○ 调色板

包含色样的泊坞栏，显示在窗口右侧，提供标准的填充和轮廓线的颜色。CorelDRAW默认的是CMYK（印刷）颜色模式。调色板和颜色模式都是可以自行定义的。更多颜色阐述请参见后面章节内容。

○ 状态栏

应用程序窗口底部的区域，包含类型、大小、颜色、填充和分辨率等对象的相关属性信息。状态栏还显示鼠标的当前位置和简单的操作提示。

○ 文档导航器

应用程序窗口左下方的区域，包含用于页面间移动和添加页面的控件。在其中可以增加、调整和删除页面。

○ 导航器

右下角的"放大镜"按钮，可打开一个较小的显示窗口，帮助使用者在绘图上进行移动操作，还可以拖拽滑杆进行上下、左右的移动。视图导航有多种方法，如利用放大镜工具缩放。最简便的方式是利用鼠标上的中轮，瞄定要观看的地方滚动，前滚为放大，后滚为缩小。可根据具体情况灵活切换应用。

一般来说，计算机应用程序（软件）的工作窗口分布都有相近之处，大多软件也与Windows系统指令相适应。使用同一个软件，达到一个目的或实现一种任务的方法也会是多样的。比如：我们可以从多种渠道打开软件程序，也可以用多种方法来完成"拷贝"和"粘贴"。这些都体现着计算机程序的智能化，另一方面也启示我们，学习中一定要举一反三，进行指令之间的运用比较，熟悉其功能和属性，从中选择合适、快捷的指令进行操作，在学习、比较不同软件的过程中，也会逐渐了解哪些指令是相同的，哪些指令是有区别和特指的。

1.1.3 运用页面和版面模板自定义绘图页

【案例分析】

CorelDRAW 应用程序可以指定绘图页的大小、方向、比例单位和背景，也可以自定义和显示页面网格与辅助线，来帮助组织对象并将其准确放置在所需的位置。还可以将设置好的绘图页面存储成一个版面设计的模板，以便于多页面的书刊版式设计或其他应用，其中的线条、字体或字号大小等属性默认值都将一致地保持在模板中。本例就是通过自定义来设置图书设计"双开页"（图1-3）。

【教学要点】

运用页面和版面模板自定义绘图页。

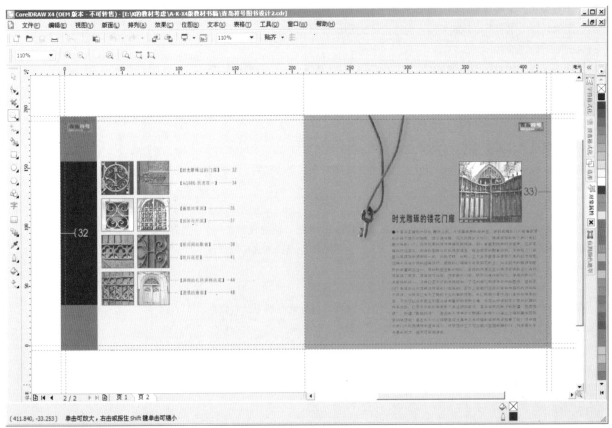

▲ 图1-3　图书设计双开页面设置

【制作步骤】

① 点击"新建"图标，程序会呈现默认的A4竖向页面。在"版面"菜单中点击"页面设置"，在弹出的"选项"模板中设置页面的单位、尺度大小、方向、出血等（图1-4），在版面中勾选"对开页"复选框，选择起始于"左边"（图1-5）。一个210mm×190mm的横向双开页面就设置好了。

② 点击"文档导航器"上的"页1"，在弹出的菜单中可以选择页面的增减或删除（图1-6），一个多页面图书设计的文档就建好了。开设页面的多少要考虑文件量的大小，不要开设的太多。

③ 用"挑选"工具在标尺中拖出辅助线，运用鼠标中轮放大视图，将辅助线放置在页面或"出血"的边缘，在属性栏上的"贴齐"中设置"贴齐辅助线"，为图文编辑、对齐做好准备。

也可以在"版面"设置中选择其他页面布局式样。将设置好的页面保存在模板中，就可以作为一本书的页面样式。

有关页面设置，还可以在"页面设置"中选择如下操作：

○ 选择预设页面尺寸——在"纸张"列表框中选择纸张类型。

○ 使页面尺寸和方向与打印机设置匹配——单击"从打印机获取页面尺寸"。

○ 指定自定义页面尺寸——属性栏上的"宽度"和"高度"框中键入值。

○ 设置页面方向——启用"横向"或"纵向"选项。

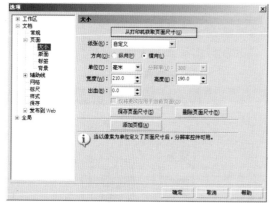

▲ 图1-4 版面设置模板和选项（1）

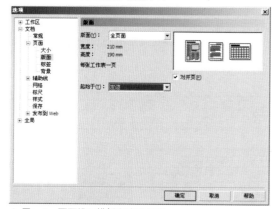

▲ 图1-5 页面设置模板和选项（2）

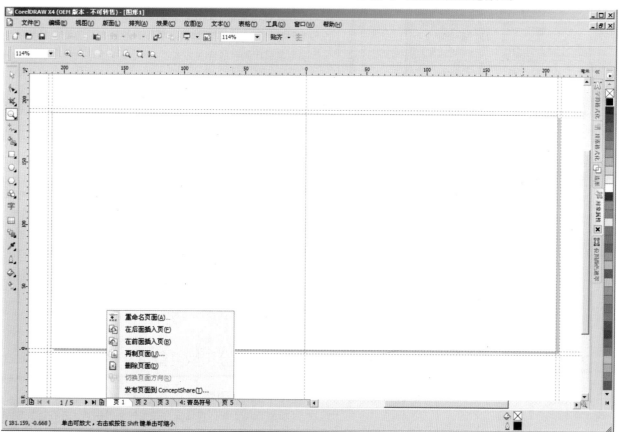

▲ 图1-6 设置多个页面

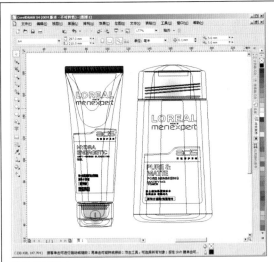

简单线框模式

普通模式

叠印增强模式

▲ 图1-7　选择视图模式

○ 设置多页面文档中单个页面的尺寸和方向——请确保要更改的页面显示在绘图窗口中，选择页面尺寸和方向，并启用"仅将更改应用于当前页面"复选框。

○ 还可以通过单击"视图""页面排序器视图"，然后调整属性栏上的控件指定页面尺寸和方向。

1.1.4 选择查看模式和使用视图

（1）选择查看模式（图1-7）

在绘图时，CorelDRAW 有下列模式来显示绘图，分别是：

○ 简单线框——通过隐藏填充、立体模型、轮廓图、阴影以及中间调和形状来显示绘图的轮廓；也以单色显示位图。使用此模式可以快速预览绘图的基本元素。

○ 线框——在简单的线框模式下显示绘图及中间调和形状。

○ 草稿——显示绘图填充和低分辨率下的位图。使用此模式可以消除某些细节，能够关注绘图中的颜色均衡问题。

○ 普通——显示绘图时不显示 PostScript 填充或高分辨率位图。使用此模式时，刷新及打开速度比"增强"模式稍快。

○ 增强——显示绘图时显示 PostScript 填充、高分辨率位图及光滑处理的矢量图形。

○ 叠印增强——模拟重叠对象设置为叠印的区域颜色，并显示 PostScript 填充、高分辨率位图和光滑处理的矢量图形。如果正在进行叠印，则在打印前，应该在"叠印增强"模式下预览对象，这一点非常重要。叠印的对象类型和混合的颜色类型决定了叠印颜色的合并方式。

选择的查看模式会影响打开绘图或在显示器上显示绘图所需的时间。例如，在"简单线框"视图中显示的绘图，其刷新或打开所需的时间比"增强"视图中显示的绘图少。

通过按[Shift] +[F9]键，可以快速地在选定查看模式和先前的查看模式之间快速地切换。

（2）使用视图

可以保存绘图任何部分的视图，以便以后能返回到该视图。例如，可以按 230% 的放大倍数保存对象的视图，以后随时都可切换到这一特定视图。

如果文档包含多个页面，可以使用"页面排序器"视图，一次查看所有页面（图1-8）。也可以同时在屏幕上显示连续页（对开页），并创建跨两页的对象。

1.1.5 备份和恢复备份文件与保存绘图

（1）备份和恢复备份文件

CorelDRAW 可以自动保存绘图的备份副本，并在因发生系统错误而重新启动程序时，提示您恢复备份副本。

自动备份功能保存已打开并修改过的绘图。在CorelDRAW 的任何工作会话期间，都可以设置自动备份文件的时间间隔，并指定要保存文件的位置：默认情况下，将保存在临时文件夹或指定的文件夹中。

重新启动CorelDRAW 时，可以从临时文件夹或指定的文件夹中恢复备份文件。备份文件存储在临时文件夹或用户指定的文件夹中。也可以选择不恢复文件；但正常关闭程序时，该文件将被自动删除。

指定自动备份设置，如下：

① 单击"工具"菜单中的"选项"，见图1-9。

② 在"工作区"类别列表中，单击"保存"。

③ 启用"自动备份间隔"复选框，然后从"分钟"列表框中选择一个值。

④ 在"始终备份到"区域，启用下列选项之一：

○ 用户临时文件夹——可用于将自动备份文件保存到临时文件夹中。

○ 特定文件夹——可用于指定保存自动备份文件的文件夹。

还可以：

○ 每次保存文件时创建备份文件，启用"保存时做备份"复选框。

○ 禁用自动备份功能，从"分钟"列表框中选择"永不"。

○ 自动备份文件被命名为auto_backup_of_filename，可以将其保存在指定的任何文件夹中。保存绘图时创建的备份文件被命名为auto_backup_of_filename，始终与原始绘图存储在同一文件夹中。

除CorelDRAW 文件格式（cdr）外，所有打开或经过修改的文件都备份为cdr文件。

在保存文件时按[Esc] 键可以取消创建自动备份文件。

（2）恢复备份文件
① 重新启动CorelDRAW。
② 单击"文件恢复"对话框中的"确定"。
③ 在指定文件夹中保存并重命名文件。

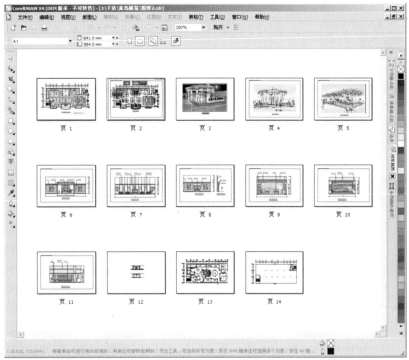

▲ 图1-8　运用"页面排序器"查看多页面视图

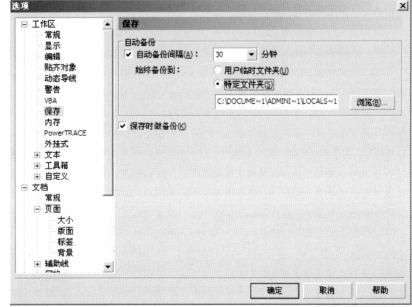

▲ 图1-9　在"选项"面板可以定义多种选项

▲ 图1-10　保存绘图和相关选项

已恢复的文件被命名为GraphicsX.cdr，其中 X 代表数字增量。

如果单击"取消"，CorelDRAW 将忽略备份文件，并在正常退出程序时将其删除。

（3）保存绘图（图 1-10）

① 保存绘图时，CorelDRAW 会以默认的 CDR 格式来保存绘图文件，新的软件版本可以兼容老的版本所保存的绘图文件，但老版本的软件则不会兼容新版本的绘图文件。如果想用老版本兼容或打开新版本的绘图，则必须在新的版本保存文件时，在保存绘图对话框中的为其选择一个相应的版本。

② 也可以将绘图保存为其他矢量文件格式。如果希望在其他应用程序中使用绘图，必须将其保存为此应用程序支持的文件格式。保存绘图时，CorelDRAW 允许添加参考信息，以便以后方便地查找和组织绘图。在 Windows Vista 中，可以附加标题、主题和等级等标记（也称作属性）。在Windows XP 中，可以为绘图指定注释和关键字。

③ 如果想在系统中查看绘图，而系统中不具有绘图中使用的全部字体，则可以嵌入所有字体，确保文本与原始创建时的显示相同。

④ 还可以保存绘图中选定的对象。对于大的绘图，只保存选定对象可以减小文件大小，从而可以减少加载绘图时所需的时间。

⑤ 可以使用高级保存选项，控制位图、底纹和矢量效果（例如调和以及立体模型）在绘图中的保存方式。

⑥ 也可以将绘图保存为模板，可以创建其他具有相同属性的绘图。

（4）另存绘图

① 单击"文件"菜单中的"另存为"。

② 在"文件名"列表框中键入文件名。

③ 找到用来保存文件的文件夹。

如果要绘图与以前版本的 CorelDRAW 相兼容，可以在"版本"列表框中选择版本。

如果要将绘图保存为CorelDRAW（cdr）之外的矢量文件格式，可以从"保存类型"列表框中选择文件格式。

还可以仅保存选定的对象——选择对象单击"文件"菜单中的"另存为"，启用"只是选定的"复选框，找到用来保存文件的文件夹，在"文件名"列表框中键入文件名，单击"保存"。

如要添加参考信息（Windows Vista）可以执行下面的任何操作：

○ 在对应的框中键入标题、主题、标记、备注、作者或版本号。

○ 为文件指定等级。

○ 添加版权信息。

○ 将注释或关键字与文件一起保存（Windows XP），在对应的文本框中键入注释或关键字。

○ 在绘图中嵌入字体，启用"使用TrueDoc（TM）嵌入字体"复选框。

将绘图保存为以前版本的CorelDRAW 时，如果特定效果在以前版本的应用程序中不可用，则这些效果会丢失。当保存为以前版本的 CorelDRAW 时，将保留文档的内容和外观，但是图层将在下列方面受到影响：

○ 图层名称重置为CorelDRAW默认名称。

○ 每页的图层数将根据图层最多的页的图层数设置。

○ 主图层将转换为局部图层，默认的主图层（"指南"、"网格"和"桌面"）除外。

○ 局部"指南"图层将转换为常规图层。

（5）在保存时使用高级选项

① 单击"文件""另存为"。

② 单击"高级"。

③ 根据需要启用下列任一复选框（图1-11）：

○ 保存简报交换——将绘图保存为 Corel Presentation Exchange（cmx）文件，这样可以在 WordPerfect 之类的其他 Corel 应用程序中打开和编辑绘图。

○ 使用位图压缩——通过压缩位图效果，例如位图立体模型、透明度和阴影，来减小文件大小。

○ 使用图形对象压缩——通过压缩矢量对象，例如多边形、矩形、椭圆和完美形状，来减小文件大小。

○ 使用压缩功能会增加打开和保存绘图的时间。

④ 如果绘图中包含底纹填充，请启用以下选项之一（图1-11）：

○ 将底纹保存在文件中——将自定义底纹填充保存在文件中。

○ 打开文件时重建底纹——打开保存的绘图时重建底纹填充。

⑤ 如果绘图中包含调和以及立体模型，请启用以下选项之一（图1-11）：

○ 将调和和立体保存在文件中——随绘图一起保存所有调和以及立体模型。

○ 打开文件时重建调和和立体——在打开保存的绘图时重建调和以及立体模型。

选择随文件一起保存底纹、调和以及立体模型会增加文件的大小，但可以更快地打开和保存绘图。相反，选择在打开保存的绘图时重建底纹、调和以及立体模型会减小文件大小，但会增加保存或打开绘图所需的时间。

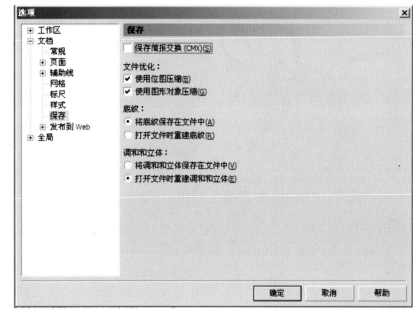

▲ 图1-11　保存绘图时的高级选项

总结归纳

本节分别从 CorelDRAW 的常见术语概念、界面组成和认知、运用页面和版面模板自定义绘图页、选择查看模式和使用视图以及如何保存绘图五个方面阐述了进入 CorelDRAW 的基本信息。这些看似寻常的基本概念和信息，并不像某种特效工具那样令人惊诧激动，却是本软件的入门须知，体现了本软件的特点，这比了解掌握某种单一的工具还要重要，因为只有了解了本软件的哪些指令功能是与其他软件相近相通的，哪些是这款软件特有的基本概念和信息，才能够便于我们进入其中，学习和操控使用。

课题训练

1. 进入 CorelDRAW 工作界面，熟悉各种工具的功能，并练习预览视图的各种方法。

2. 浏览阅读"CorelDRAW 术语列表"（见教学光盘），明确术语含义及所指，以便于认识软件特性和学习应用。

3. 运用"选项"版面，根据实际尺度设计一个自己的绘图页面，并将其保存为以供再用的模板。

▲ 图1-12　插画"你为什么不这样"

1.2 线条和轮廓——形象造物的初始

　　CorelDRAW创造图形世界是从利用线条和轮廓工具绘制基本造型形态开始的，通过基础形态的绘制、组织、垒积排列，整合出形象。在艺术造型的层面上看待线条和形态，软件中的基础形态创建，都是将理性的几何属性转为形象的视觉语汇，从而创建出幻化无穷的图形、形象世界。从CorelDRAW创建造型的规律来看，基础绘图工具的应用到形象的塑造，很大程度上近似于"平面构成"理论中的从基础元素创建，到各种骨架的形式构成而作用于人们感官的艺术设计作品，同时也契合着"一生二,二生三,三生万物"的老庄哲学。

　　CorelDRAW中基本造型工具有多种线条、轮廓绘制工具（手绘、贝赛尔、钢笔等）。这些线条和基本图形工具与管理、整合性质的综合应用过程，体现了人机对话的艺术设计创作智慧。也就是说，造型工具的使用，是跟随设计创作思路而展开，并适时地与其他工具相互协调配合来完成设计创意之表现的。反过来讲，也只有熟知软件造型工具的可能性，才会在应对设计任务时做出工具运用的迅速反应。

　　下面我们通过案例来体验CorelDRAW线条和轮廓工具的运用，这些案例的实现通常是以某种工具为主，适时运用其他工具、功能来进行的。

1.2.1 运用手绘线条轮廓塑造形象

【案例分析】

　　这是运用"手绘"线条工具绘制的一幅漫画插图。在CorelDRAW中，不封闭的线条为"线"，封闭后的线条就是"形"了，线条合拢后才能填充颜色。本例中主体造型的"手绘平滑度"是程序默认的100%，其中的围巾和太阳的光芒部分则降低了"手绘平滑度"。降低平滑度的线条会产生更多的曲折和节点，以表现围巾的质感并丰富造型的变化。

【教学要点】

　　设置"手绘"工具的线条宽度、平滑度、线条颜色和轮廓样式绘制形象。

【制作步骤】

　　① 点选工具箱中的"手绘"工具绘制角色的主体形态，这时属性栏上对应的 　　　　　"手绘平滑度"和"轮廓线宽度"为程序默认的：轮廓线宽度：2mm，手绘平滑度：100%。再画出耳朵、手臂和腿脚的其中一个对象，然后运用"挑

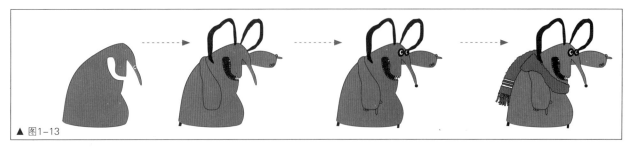

▲ 图1-13

选"工具选取对象，移动并右击鼠标，这样就复制出一个新的对象，运用"挑选"工具移动—旋转—倾斜—排列对象来修正造型，添加角色的眼睛、嘴等细节，依次完成角色的塑造，如图1-13所示。

② 将属性栏上的"手绘平滑度"降低为20%，绘制围巾的形状，这时的轮廓线就变得曲折多变，表现出了围巾的松软感，如图1-13中所示。

③ 绘制另一个角色和背景，在属性栏中"轮廓式样选择器"中选择一种"点划线"来完成"白色书页"对象的轮廓线的绘制，在调色板的任意颜色上单击鼠标，就可以填充对象的颜色，在任意颜色上右击鼠标，来指定线条或轮廓的颜色。依次完成绘图。

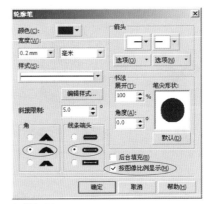

▲ 图1-14

【注意事项】

① 将图1-12的尺度缩小到图1-13大小时，原有的线条或轮廓宽度显得过粗，以至于轮廓线挤在一起而影响绘图。解决这一问题的方法是：进入"窗口"菜单—"泊坞窗"—"属性"，"对象属性"折叠对话框就打开了。用"挑选"工具框选全部绘图，在"轮廓笔"设定面板中或"对象属性"对话框中勾选"按图像比例显示"（见图1-14），轮廓线就会依照图像比例来缩放其线条、轮廓线宽度，缩小的绘图仍有合适的轮廓线宽度。如图1-15、图1-16所示。

② "手绘平滑度"降低以后，比平滑度高的线条增加了节点，有些节点会重叠，导致线条产生"毛刺"。解决这种问题的方法是：运用"形状"工具删除产生毛刺的节点，也可以在工具箱中的"轮廓笔"设定面板中将线条的端点设置为圆头，如图1-14、图1-17所示。

▲ 图1-15

1.2.2 运用贝赛尔、钢笔工具塑造动漫角色

图1-18、图1-19所示动漫角色造型，是运用了"贝赛尔"和"钢笔"工具绘制的。两种线条、轮廓工具都可以绘制直线和曲直相间的线条或轮廓。运用"贝赛尔"并按下[Ctrl]键点下鼠标—移动—释放，可以绘制平直的线条，点下鼠标并配合拖拽可绘制弧线或曲线。"贝赛尔"和"钢笔"是绘制轮廓造型的主要工具。

▲ 图1-16

【案例分析】

这两套动漫角色造型主要是运用"贝赛尔"工具绘制主体造型，局部细节运用了"椭圆形"和"形状"调整工具。其塑造规律是分别绘制局部形态元素，以夸张的比例、形态和角色之间的对比与协调，逐步塑造完成。

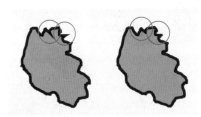

▲ 图1-17

◀ 图1-18　"城市魔怪"动漫故事角色造型

▲ 图1-19 "阿西的世界"动漫故事角色造型

▲ 图1-20 绘制角色造型的步骤

▲ 图1-21 《元素乐队演唱会招贴》

【教学要点】

运用"贝赛尔"和"钢笔"工具绘制曲直相间的线条轮廓，配合"恢复操作"、"群组对象"、"镜像"对象和对象层次的排列功能进行绘图。

【制作步骤】

① 点选工具箱中的"贝赛尔"工具绘制形态元素，如头部、身体和手臂等，设定相应的线条宽度和轮廓线的"按图像比例显示"缩放。如有对称元素，则运用"挑选"工具选取—移动—右击鼠标复制，也可以点击小键盘上的[+]号键来做复制，然后将其做左右或上下的"镜像"，并配合"挑选"工具移动—旋转—倾斜—排列对象来修正造型。如遇不满意的操作，可以在属性栏上点击"撤销"和"重做"，或按快捷键[Ctrl]+[Z]恢复操作，其造型绘制步骤如图1-20所示。

② 运用"挑选"工具移动—旋转—倾斜—排列对象来修正造型，并利用[Shift]+[Pagedown]和[Shift]+[PageUp]键将对象进行上下翻层排列。以此排列形象结构上的前后和交叉。对于相对独立的局部，可以在属性栏上（或右击鼠标的弹出菜单中）执行"群组"命令，将其合并成一个"群组"以便于编辑绘图。

③ 运用"椭圆形"工具绘制眼睛。逐个绘制角色造型完成整套造型的绘图。

1.2.3 从线条轮廓到招贴画面设计

【案例分析】

图1-21是《元素乐队演唱会招贴》，在其中可以看到基础元素创建与画面构成的关系，或者说看到一个设计的过程。这个设计过程与CorelDRAW软件程序应用之间有着某种关系，是运用软件最快捷的基本元素创建，获得画面构成的元素，然后将它们整合在画面空间中，产生出一种气氛。

【教学要点】

运用"贝赛尔"绘制直线塑造基本形象元素，配合"图框精确剪裁"将对象"放置在容器中"丰富细节，运用"挑选"工具调整造型、排列对象层次和导入位图。

【制作步骤】

① 运用CorelDRAW的"贝赛尔"和"椭圆形"工具创建人物造型，以概括的直线勾画出简练的形态，尽可能地抓住人物动态的特征与直线力量感的表达。因为是直线造型与基本图形的结合，就省却了用"形状"工具修改造型的时间，只用"挑选"工具做倾斜、旋转和大小调整就足够了。如图1-22所示。

② 完成形象的勾画后填充颜色。适当地丰富形象的衣服和道具中的细节。其中衣物上的条纹是运用了"图框精确剪裁"将对象"放置在容器中"的方法，也就是先制作一个相应面积的条纹或花纹，将其"群组"，在"效果"菜单中执行"图框精确剪裁"将对象"放置在容器中"，条纹就被置入到相应的"容器"中，可以在"容器"之上右击鼠标，在弹出的菜单中执行"编辑内容"，这时，就进入到"容器"之内的编辑层级，可以调整修改。修改完毕后，右击鼠标在弹出菜单中执行"结束编辑"。这种做法的好处在于填充纹理不影响轮廓线。

▲ 图1-22

③ 招贴中的文案信息在画面构成中，其风格面貌应具有与角色形象相统一的特征，而不是仅看做是一行字，也就是说既要传递信息，其字形颜色等又要与整体相协调。衬底运用了一幅有着油画笔触的位图，与先前创建的直线元素形成变化对比。

④ CorelDRAW与位图的交流是靠"导入"和"导出"来交换的。在属性栏上"导入"图标上点击，在对话框中查寻到要应用的位图，执行"导入"（有关CorelDRAW对位图编辑的更多内容，参见其他相应的案例）。利用其油画笔触的狂放效果，烘托画面气氛。调整画面中的细节元素，完成绘图。

软件工具的应用要与画面的视觉效果相结合，软件技能的体现并非体现在无尽的特效上，将要表达的讯息整合为视觉语言，画面才能"说话"。

1.2.4 线条与轮廓图形的转换应用

【案例分析】

图1-23是著名的艺术设计大师兰尼·索曼斯的图形作品，索曼斯在这幅作品中并非应用了CorelDRAW软件做图形的表现，在此只是用其举例，示意运用CorelDRAW线与形的转换功能来获取此类创意图形的快捷方法。

【教学要点】

"将轮廓转换为对象"和"修剪"、"打散"等绘图功能的运用。

【制作步骤】

① 运用"贝赛尔"工具分别绘制出图形中丁字尺和手臂的线条，并绘制出手足和丁字尺的上端部分和高光线条，如图1-24所示。

② 将丁字尺和手臂的线条宽度设置为相应的宽度，在"排列"菜单中执行"将轮廓转换为对象"命令，两条具有宽度的线条就变成了如图1-25所示的图形

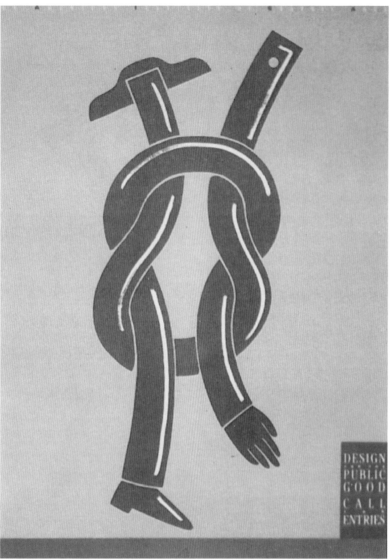

▲ 图1-23 美国艺术设计大师兰尼·索曼斯的图形作品

了。这样做要比用"形状"工具逐个调整节点曲线取得变化图形快捷得多。

③ 用图中"手臂"对象对"丁字尺"对象进行"修剪"，如图1-26所示。"修剪"、"焊接"、"相交"等是一套整合图形的常用工具。选择两个以上的对象后，属性栏上就会自动出现这套工具的按钮，或者进入"窗口"菜单，在"泊坞窗"中勾选"造型"，这套"造型"工具的折叠式对话框就弹出在绘图页的右侧。

④ 运用"形状"工具将图1-27中的红色轮廓部分调整到可以链接的大小，并将其分别"焊接"，如图1-27所示。

⑤ 将高光线的端头在"轮廓笔"工具中设置为圆头并指定为白色。将"丁字尺"和"手臂"等填充为蓝色，这个将"丁字尺"和"手臂"系成的链接扣图形就完成了。

1.2.5 "艺术笔笔刷"工具的线条应用

CorelDRAW绘制线条或轮廓的特点是线条均匀，只有线条类型（如实线、虚线等）和粗细的设定变化。而"艺术笔"工具中的"预设"、"书法"

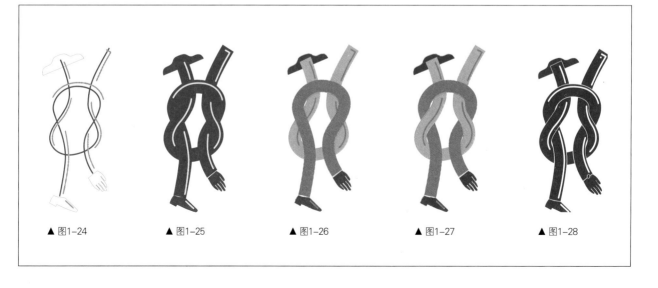

▲ 图1-24　　　　▲ 图1-25　　　　▲ 图1-26　　　　▲ 图1-27　　　　▲ 图1-28

和"压力"笔刷工具，则可以表现具有粗细变化的线形。运用艺术笔刷工具可以直接绘制线条，也可以绘制图形形态，将这种线条"打散群组"以后，就可以看到它是一个形状与一条线的结合体。"艺术笔"中的"笔刷"和"喷灌"工具就是喷洒各种既定图形的工具。

当应用某种工具的时候，属性栏上会自动跟着出现相应的设置选项，可以从中选择所需的笔刷形状种类，也可以自定义（见图1-29至图1-31）。

【案例分析】

在这幅《塔城的妖怪们》的故事插画（图1-32）中，主体角色运用了"艺术笔"中的"预设"笔刷工具中不太规则的线条，其特点像传统速写钢笔产生出来的粗放效果，以表现这些妖怪角色的怪诞滑稽。在线条工具的使用比较中，我们可以看到不同的绘制工具所产生的视觉效果往往是成就其作品风格的关键。

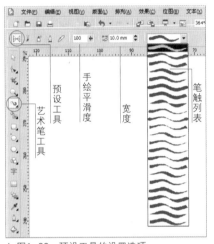

▲ 图1-29　预设工具的设置选项

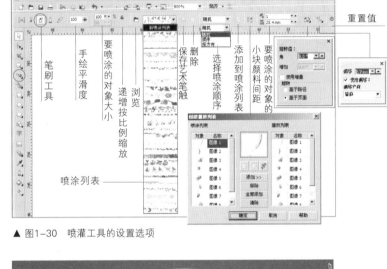

▲ 图1-30　喷灌工具的设置选项

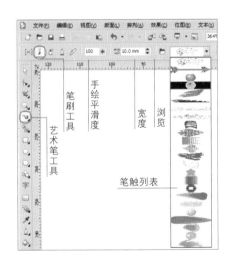

↑ 图1-31　笔刷工具的设置选项

→ 图1-32　《塔城的妖怪们》故事插画

▲ 图1-33　绘制角色造型的参考步骤

【教学要点】
"预设"笔刷和"手绘"工具的综合应用。

【制作步骤】
　　① 打开"艺术笔"中的"预设"工具，在其"预设笔触列表"中选择一种线条式样，并使用程序默认的线条"平滑度"：100%，设置与画幅相适应的线条粗细。然后绘制插图中的主要角色形象。可以用鼠标直接绘制，也可以用压感笔来绘制此类线条，以增加绘制准确度。个别衔接不好的线条，可以运用"挑选工具"进行修整。

　　② 绘制完角色的整体轮廓后，将其全选并群组。然后运用"手绘"工具，以整体轮廓为依据勾画用于颜色填充的封闭轮廓。如勾画完手臂的颜色轮廓后填充颜色，将其向下翻层，置于黑色轮廓之下。依次完成颜色轮廓的绘制和填充。这样就绘制出一个具有速写特色的滑稽角色形象。如图1-33所示。

　　③ 逐步完成配角和背景，添加烘托气氛的细节，调整画面，完成绘图。
　　图1-34、图1-35同样是"艺术笔"工具绘制的标志形象和系列招贴，有关"艺术笔"工具的自定义请参见程序中"帮助"的相关内容。

▲ 图1-34　运用"预设"工具绘制的标志图形

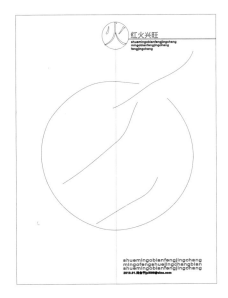

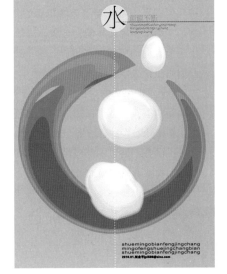

▲ 图1-35　运用"笔刷"工具绘制的招贴图形

总结归纳

　　本节分别阐述了CorelDRAW不同的线条工具从线条绘制到封闭轮廓来创建基本图形的应用方法，其中的贝赛尔工具是矢量图形的主要造型工具。应用多样的线条和轮廓绘制工具，多种线形选择和多变的艺术笔工具，以及应用线条轮廓工具时，在属性栏上会对应着显示出相关的设置和选项，这为线条轮廓造型创建提供了多样性的选择，也体现出CorelDRAW工具使用的特点。

　　线条在造型中的普遍和重要是无须赘述的，不同的线形产生出丰富的感官效果，我们在运用线条和轮廓时就要有所选择，注意线条在造型中的变化与统一。

课题训练

1. 运用各种线条轮廓工具绘制造型，结合与之相关的设置和选项，来改变线条的外观，从中熟悉绘制技巧和相关设定。

2. 分别运用不同的线条轮廓工具绘制基本造型元素，并将其延展应用到一项设计或绘图中，来体验从基本元素创建到设计作品完成的过程。

1.3 挑选工具与基本图形绘制工具——生化万物的基础形态

CorelDRAW 为我们提供了矩形、椭圆形和多边形绘制工具，看似简单的几种几何图形，却涵盖了万物形态、形体之基础形态。基本图形绘制工具与"挑选"、"形状"等工具配合运用，对基本形态进行修改、编排、整合，就可以塑造出千变万化的矢量图形世界。这个过程是软件的工具运用阐述，也是视形而选、而用的视觉造型过程。

CorelDRAW 的"挑选"工具不但是一切指令的"总指挥"，还兼有诸多的造型编辑功能；椭圆形、矩形、多边形等所创建的基础图形，在修改、排列等编辑中，将跟随着设计者对形态的审美要求而变化出无尽的形象。

下面我们通过图形应用案例，来体验 CorelDRAW 图形工具的使用和由几何形态到视觉形象的造型过程。

▲ 图1-36　招贴中的空间图形

1.3.1 "挑选"工具的变换、倾斜与空间感的制造

【案例分析】

在图1-36这幅简洁的招贴中，不乏立体感和空间语言，这种视觉语言的制造和空间感觉的产生，往往是图形形体在空间的倾斜与平直元素之间的对比，作用于我们的视觉。在立体形态元素或图形的表现中，有作为"透视图"的空间立体，在 CorelDRAW "立体化"功能中生成的就是符合透视关系的形体；另一种则是具有立体空间感的"轴侧图"，其形体的倾斜边缘之间不会有相同的消失灭点，只是形体之间的倾斜构成，而不是"透视图"。如图1-36招贴中的图形。

运用"挑选"工具中的变换、倾斜和旋转功能，是获取理想图形的一种基本手段，虽然它看似没有"形状"工具多变的修改造型能力，但它确是CorelDRAW的编辑"能手"，不但是指定选取、排列移动的工具，而且它在"倾斜"和"旋转"功能上也体现出非凡的造型能力。

【教学要点】

运用"挑选"工具做变换、调整并配合"镜像"功能做图形编排。

【制作步骤】

① 运用"矩形"工具绘制一个矩形，将其复制并旋转90°，做两个矩形的"下对齐"，如图1-37所示。

② 运用"挑选"工具双击横向矩形，使其呈现可"旋转、倾斜"状态，拖动倾斜手柄将其移动并与竖向矩形的右边对齐。然后双击竖向矩形，使其呈现可"旋转、倾斜"状态，倾斜拖动图形对齐横向矩形的斜边，如图1-38所示。

③ 将两个矩形"群组"后，按小键盘上的[+]键，原位置复制出一个，并做左右镜像，就得到"十"形的另一半。然后解散群组，选取其中一个矩形做另一个矩形的"相交"（选取两个以上的对象，"相交"、"修剪"和"焊接"等图形整合命令钮就会出现在属性栏上），得到两矩形交叉的一个三角形，如图1-39所示。分别填充颜色，完成"十"形图形的绘制，如图1-40所示。

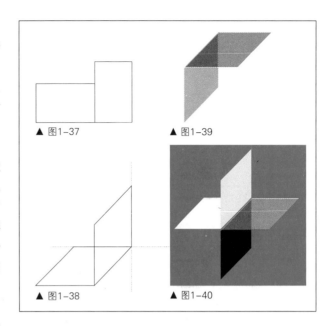

▲ 图1-37　　　　　　　▲ 图1-39

▲ 图1-38　　　　　　　▲ 图1-40

1.3.2 "挑选"工具的旋转与图形定位构成

【案例分析】

标志设计中经常见到采用旋转骨架构成的图形，分析图1-41的旋转式样标志，是元素在非对称的状态下，以同心圆做分布排列，从而造成旋转的感觉。要完成旋转式样的图形定位分布和绘图，可以运用CorelDRAW的"挑选"工具做旋转、定位排列。

▲ 图1-41　"旋转"骨架构成的标志

【教学要点】

运用"挑选"工具的定位旋转和"辅助线"制作旋转类图形。

▲ 图1-42　偶数（8）元素构成的旋转式标志

【制作步骤】

① 绘制偶数元素构成的旋转式标志，可以采用上下对称元素"群组"做角度定位旋转的策略（图1-42），创建基本构成元素并做"射线"式渐变填充。再复制一个，然后做镜像，排列出一组对应的元素单元。然后运用"挑选"工具双击群组图形，使其成旋转状态，其旋转圆心与参照圆形的圆心是一致的。配合按下[Ctrl]键就会在旋转时产生等角度的吸附停顿，这样就可以在旋转到合适的角度时，右击鼠标，复制出一个新的群组图形。依次做相同角度的旋转复制来完成绘制。

② 绘制奇数元素构成的旋转式标志（图1-43）。创建基本构成元素后，用"挑选"工具双击对象，使其呈现旋转状态，调整旋转圆心到辅助线交叉中心。选取基本元素，按一下小键盘上的[+]号键，原位置复制一个基本元素。用"挑选"工具双击使基本元素呈旋转状态。在属性栏上的"旋转"

▲ 图1-43　奇数（7）元素构成的旋转式标志

角度窗口输入51.43°（即360°÷7＝51.43°）按"回车"键，这样就复制出一个符合7个基本元素排列的元素。

在此次操作的基础上，按住[Ctrl]键不放并按[D]键5次，就排列出7个基本元素构成的旋转标志，如图1-43所示。

▲ 图1-44 《图形城市》

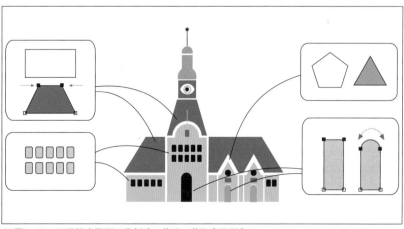

▲ 图1-45 运用基本图形工具创建、修改，获取房子形象

1.3.3 适形而用的基础图形与变化万千的图形世界

【案例分析】

在这幅《图形城市》（图1-44）的概念插画设计中，运用了CorelDRAW的基本图形创建，获得构成画面的元素。教堂、楼宇和帆船、云彩等，皆出于基本形态工具。运用基础形态的变化组合，构成一个有秩序、符号化、条理化的城市景色。诸如此类的图形制造，广泛地应用在平面设计、网络图标和CG插画等领域，成为信息传递视觉化的语汇。

【教学要点】

矩形、椭圆形、多边形和基本形状工具与"修剪"、"相交"等造型工具的综合运用。

【制作步骤】

① 首先运用基本图形配合对象修改的方法来塑造独立形象。在工具箱中选用"矩形"工具，绘制房子（图1-45）：

○ 画出一个矩形，填充橘色，在属性栏或"对象属性"面板中将轮廓线设置为"无"。运用"挑选"工具做左右或上下的变化拖动，获得墙的形态。

○ 绘制矩形，运用"形状"工具，配合[Shift]键点选矩形上部的两个节点后拖动，获得门的造型。

○ 绘制一个多边形，将边角数在属性栏上的"边角数"窗口中，设为3，得到一个三角形的墙山。

○ 绘制一个矩形，在属性栏上或右击鼠标弹出的菜单中，执行"转为曲线"命令，运用"形状"工具选取一个节点并配合[Ctrl]键做平直移动，得到梯形的红色房顶形状。

○ 绘制一个矩形，运用"形状"工具做矩形的"倒角"，使矩形变为圆角的矩形。用"挑选"工具选取圆角的矩形，配合[Ctrl]键做平直移动到合适的位置并右击鼠标，得到一个新的窗户，紧接着按下[Ctrl]+[D]键，做等距离的平移复制，按几次[Ctrl]+[D]键，就能得到几个平移复制的窗户。

②运用"椭圆形"工具配合[Ctrl]键画出一个正圆形，用"挑选"工具选取—移动—右击鼠标复制出新的圆形。框选三个圆形，在属性栏上执行"焊接"命令使之成为一体。绘制一个矩形，用矩形"修剪"三个圆形，得到云彩的形状。画一个矩形，用"挑选"工具双击，使之呈现"旋转"状态。将其配合[Ctrl]键做45°旋转之后，利用[Ctrl]+[D]键复制一排，用这排条纹形状去"修剪"云彩形状，得到带有倾斜条纹的云彩，如图1-46所示。

③运用"螺纹"工具绘制一个"对称式螺纹"，设置合适的线宽，在轮廓笔工具面板中设定为圆头线条。用"形状"工具在螺纹线形上双击鼠标增加一个节点，将其节点设置为"尖突"，并将此节点到终端的线条设为直线。向下调整线条终端节点，得到"灯柱"的造型。如图1-47所示。

④汽车的造型是通过绘制"矩形"—利用"形状"工具调整节点—倒角来获取形状的，逐步完成汽车的造型。如图1-47所示。

其他形象均是采用最接近的基本造型工具创建、修改、调整获取的。运用基础图形配合图形联想、想象和提炼概括造型思路，将几何图形构成在整体的空间中，从而完成视觉语汇的提炼与运用。

▲ 图1-46　运用基本图形工具创建并修改获取云彩形象

▲ 图1-47　运用基本图形工具创建并修改获取灯柱和汽车的形象

1.3.4 多边形工具与徽标设计

【案例分析】

CorelDRAW 为绘制具有精准定位的标志图形提供了强大的功能支持，在艺术设计造型理论的指导下，更展示出强大、快捷的绘图效能和效果。图1-48的图标设计中，主要运用了"多边形"、"圆形"和"矩形"等基本图形工具创建标志图形的主体，配合"定位旋转"、"交互式轮廓"工具和对齐功能的应用，绘制出定位准确、丰富多变的复合图形。

liujinping 2009.10.

▲ 图1-48

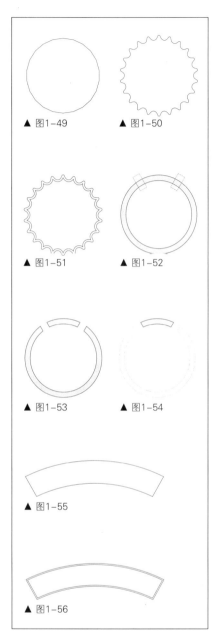

▲ 图1-49　　　▲ 图1-50

▲ 图1-51　　　▲ 图1-52

▲ 图1-53　　　▲ 图1-54

▲ 图1-55

▲ 图1-56

【教学要点】

多边形、圆形等图形工具、交互式轮廓和对齐功能的应用。

【制作步骤】

① 绘制齿轮形主题图形。点选"多边形"工具并配合 [Ctrl] 键，绘出一个多边形（图1-49），将边角数在属性栏上的"边数"设置为22，然后运用"形状"工具将多边形其中一个边"转为曲线"并调整节点手柄，使其成为齿轮状，其他边角也随之产生同样的变化（图1-50）。从中我们体验到"多边形"属性的奥妙。

② 选取齿轮形，点选"交互式轮廓"工具。在属性栏上的对应窗口中设置轮廓"向内"和"轮廓偏移"，一个齿轮形的内部轮廓就绘制出来了。利用原位复制，然后缩放的手法，也可以制作一个重复图形，但图形轮廓之间的距离是不一致的。运用"轮廓"工具就可得到等距的轮廓图（图1-51）。

③ 徽标中的"飘带"形状同样运用了"交互式轮廓"工具绘制内部轮廓。首先画出大小不同的两个同心圆，然后运用"修剪"工具剪出一个环形。再在环形上截取出一个弧形的"飘带"形状。这种做法主要是为获取对称的图形。本例截取时运用了两个矩形（图1-52），做相应的旋转、群组和对齐后剪切环形，得到图1-53、图1-54。然后在属性栏上点击"打散"，删除不用的弧形，得到要用的"飘带"形状（图1-55）。这样做可以确保"飘带"形状的对称。然后再做"飘带"形状的内轮廓（图1-56）。其他相近的对称形态，据此来逐步完成。

1.3.5 基础图形工具与精确绘图

【案例分析】

运用基本图形工具和"对象大小"实际尺度的指定，可以进行精确的展示标牌、机械、工程类绘图。图1-57就是为某超市设计的导购标示牌。在CorelDRAW 中可以进行标牌的造型、色彩、材料做法和尺度标注等一系列设计表现。在此类设计中，基础图形的创建、修改，定位对齐和尺度指定等是完成绘图的主要手段。

【教学要点】

基本图形工具、对象大小指定和分别对齐功能的综合应用。

▲ 图1-57　超市分区导购标牌设计

【制作步骤】

① 分别绘制标牌中的形状造型。用"矩形"工具配合[Ctrl]键绘制一个正方形，在属性栏上的"对象大小"中输入54mm，标牌的实际设计尺度为540mm，在标牌所有尺度中均以此设置，图纸的比例就是统一的。在输入数字前可以将数字框的控制锁激活，这样方形的两个边都会是54mm。

在方形上按小键盘上的[+]号键两次，复制两个方形，配合[Shift]键做以中心缩小，作为方形的内层。利用小方形的"再制"或"克隆"功能在内层方形中绘制等距方形花格。将整个方形框选，群组。做45°旋转完成标牌的主体部分。

绘制一个矩形，将尺度指定为62mm×14mm。运用"形状"工具为矩形倒角，运用"交互式轮廓"做一个内轮廓。在其上输入"蔬菜区"黑体字。

　　绘制一个97mmx13mm的矩形，将其横向中心对齐在一条辅助线上，将矩形"转换为曲线"，用"形状"工具双击两端的中心，增加节点，分别向内拖动节点，做一个内部轮廓，形成一个"彩带"形状。标牌的主要形态就绘制完毕，如图1-58所示。

　　② 将各部分群组。然后全选，做部件的竖向中对齐。做部分部件的阴影来显示标牌的浮雕层次。

　　③ 绘制尺度线。运用"度量"工具也可以对对象做尺度标注，但标注方式比较单一。可以绘制一条直线，做"复制"、"对齐"来完成标注线。输入标牌制作材料、做法文字。绘制连接线，在属性栏上的"终止箭头选择器"中选择一个圆点，分别连接到标注。这样就完成了标牌的施工图绘制（图1-59）。

　　④ 徽标中的形态之间，适时地应用"对齐"功能。当选取两个以上的对象时，属性栏上就会对应着出现"对齐"功能钮，点击展开"对齐"对象面板，从中设置对齐方式，执行对齐。这在精确绘图中，是经常要使用的功能。

　　⑤ 图形中的填充效果，是采用了颜色填充和将对象"置于容器内"的手法来完成的。绘制斜线并复制出一排，将其群组后选中要填充的图形"置于容器内"。这种做法要比"全色样"填充稳定、快捷得多。

　　绘图中的技法选用，应根据具体情况而做出应用工具和功能的选择，应用的适时、适事并有效果地体现，也就是"技巧"了。

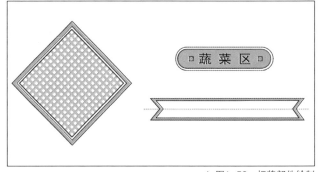

▲ 图1-58　标牌部件绘制

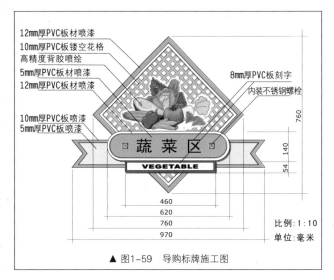

▲ 图1-59　导购标牌施工图

总结归纳

　　本节通过所举设计案例，重点阐述了"挑选"工具的变换运用和基本图形工具的创建及变换应用。不论是适形而选的图形绘制，还是实际尺度的精确绘图，线条、轮廓图形和基本图形工具的交叉使用与变换定位，在技术层面已经给出了创造图形世界的无限可能。

　　在基本创建工具和程序既定的特定、特效工具比较运用中，不难发现相互之间的相同与差异。运用基础创建工具进行造物，如同"平面构成"理论中的基础元素推敲，最基本的元素总是会诱发更多的变化可能。

课题训练

　　1. 请将利用各种创建工具所绘制出的图形分别整理在A4页面中，可设置多个页面。

　　2. 运用"贝赛尔"和"钢笔"工具分别绘制10个以上的图形，并体验工具之间有何区别。

　　3. 尝试运用基本图形创建工具来完成几项学习的专业任务，比如绘制标志图形或带有比例尺度的精确绘图等。

1.4 "形状"修改和"造型"整合——以形媚道的"万能手"

通过上述案例的解析，我们体验了CorelDRAW 基本造型工具（线条、轮廓和基本图形）直接造型的应用方法。下面我们来学习运用"形状"工具取得理想造型的方法和通过整合"造型"（修剪、相交、焊接等）得到理想造型的方法应用。可以说，"形状"和整合"造型"工具是在基本形态的基础上进行修改、整合，使得形态趋于理想的"万能手"。事实上在造型过程中，造型和适时修改调整，与因势利导、以形媚道的整合造型手段运用是一气呵成的，只是为了便于学习才分而述之。在以下的案例中，重点讲解"形状"工具和一套整合"造型"工具的应用。

1.4.1 获取理想造型的"形状"工具应用之一

"形状"工具是基于对象创建之后，获取新的造型或理想造型的主要工具。它是通过对象节点的修改、调整、转换来改变对象形态的主要造型工具。"形状"工具对"文本"和位图图像同样具有编辑修改功能。我们可以从"形状"工具的展开中见到其选项繁多，主要都是针对调整线条或轮廓的"节点"来改变造型的（图1-60）。

▲ 图1-60 "形状"工具和选项展开

【案例分析】

图1-61是选自《PORTFOLIO》杂志中的体育项目图形设计，我们运用"形状"工具，获取其简洁而又切题的图形绘制。从中可以看出，干净利落的图形往往使用最少的线条节点来完成，艺术处理上的高度概括在平面图形设计中是至关重要的手段。

【教学要点】

"形状"工具以及节点"变换"的造型应用。

【制作步骤】

① 运用"贝赛尔"工具绘制人物图形直线轮廓，头、球和球拍运用"椭圆形"工具创建（图1-62）。

② 运用"形状"工具，将要调整的直线线段"转为曲线"，并拖动线段使之成为理想的弧线，不够理想的部分可以拖拽节点手柄来完

▲ 图1-61 选自《PORTFOLIO》杂志中的体育项目图形设计

成（图1-63）。

可以将曲线对象上的节点更改为下列四种类型之一：尖突、平滑、对称或线条（图1-64）。每个节点类型的控制手柄的行为各不相同。

○ "尖突节点"可用于在曲线对象中创建尖锐的过渡点，例如拐角或尖角。可以相互独立地在尖突节点中移动控制手柄，而且只更改节点一端的线条。

○ 使用"平滑节点"，穿过节点的线条沿袭了曲线的形状，从而在线段之间产生平滑的过渡。

○ "对称节点"类似于平滑节点。它们在线段之间创建平滑的过渡，但节点两端的线条呈现相同的曲线外观。对称节点的控制手柄相互之间是完全相反的，并且与节点间的距离相等。

○ "线条节点"可用于通过改变曲线对象线段的形状来为对象造型。不能拉直曲线线段，也不能弯曲直线线段。弯曲直线线段不会显著地更改线段外观，但会显示可用于移动以更改线段形状的控制手柄。

运用"形状"工具点击线条或图形时，对象上就会出现蓝色的节点和贝赛尔线，通过对节点的编辑调整来实现造型要求。一旦运用了"形状"工具选中对象，"形状"工具的图标下就会自动出现不同的提示。如：▶₊增加节点，▶转为曲线，▶框选对象，▶编辑文本等。在"形状"的属性展开中，可以看到"形状"工具的功能之多。在进行线段和图形的平滑、链接、拆分等常用编辑以外，还有镜像反射节点、提取子路径等多种特效编辑功能。执行所需的指令，使得对象变为理想的图形形状。

③ 运用球拍部分的内部椭圆形来"修剪"外椭圆形，得到一个镂空的环状。全选所有对象，在属性栏上执行"焊接"命令，所有的对象就焊接成一体了。然后将轮廓线设成"无"，一个网球运动员的图形就完成了（图1-65）。

1.4.2 获取理想造型的"形状"工具应用之二

【案例分析】

桑娜·安努卡（Sanna Annukka）是活跃在当今世界 CG 领域的人物。她的作品中带着浓郁的北欧文化气息，造型元素充满视觉张力并有着和谐的节奏律动和鲜明的色彩特征。在儿童读物、包装设计和丝网印刷等领域都有所成就，在许多视觉网站的CG作品中经常见到她的作品。本例借用她的《铁海之下》CD封套设计（图1-66）来阐述"形状"工具实现理想绘图的运用。

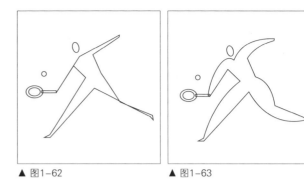

▲ 图1-62　　　　▲ 图1-63

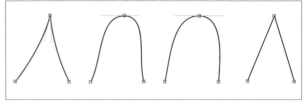

▲ 图1-64　　使用节点类型：尖突、平滑、对称和线条

▲ 图1-65

▲ 图1-66　　桑娜·安努卡设计的唱片《铁海之下》封套

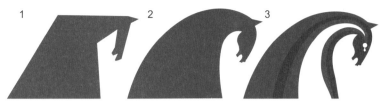

▲ 图1-67 形象的绘制步骤

▲ 图1-68

▲ 图1-69

【教学要点】

图形创建工具、"形状"工具、图层排序和整合造型应用。

【制作步骤】

① 首先运用"贝赛尔"或"钢笔"工具绘出一个马头的基本形象。然后运用"形状"工具，将其线段全部选取后"转为曲线"，并调整成流畅的弧线形象（图1-67）。这种创建方法比直接用"贝赛尔"工具绘制规整得多。

② 图中每一个马头的形态相近而不一样，可以运用复制、调整来逐一完成其他马头的绘制。适时地应用"群组"对象、图层上下排列元素的次序，能够遮挡住的部分就可以不做处理了。

海浪等曲线形状的绘制，可采用由直线绘制到曲线调整的方法，也可以绘制一个浪头的单元形态，然后复制、排列，将其"焊接"成一体。见图1-68。

③ 完成主题构成以后添加细节元素，并调整颜色中的近似色，使其能显示出彩度和明度上的区别。绘制时如有大于衬底的形态元素，可以点选衬底，然后执行"相交"或"修剪"命令，将多余的部分去掉（如图1-69）。添加文字，完成整体作品绘制。

1.4.3 运用"修剪"、"相交"获取共用轮廓图形

【案例分析】

图1-70是瑞士设计师F·戈茨切尔克设计的《图形》杂志封面，用"GRAPHIS"构成了一个简洁整体而充满跃动的主体图形，字符之间巧妙地运用了共用轮廓，互为衬托。戈茨切尔克的这帧封面并不一定是应用了CorelDRAW 软件技术设计而成，然而图形轮廓共用则是艺术设计中的常用法则。

我们试用此例解析如何运用 CorelDRAW 中的"修剪"和"相交"获得形体之间共用轮廓。

【教学要点】

"修剪"、"焊接"、"相交"等整合"造型"

▲ 图1-70 F·戈茨切尔克设计的《图形》杂志封面

工具的应用。

【制作步骤】

①运用"贝赛尔"或"钢笔"工具绘制"GRAPHIS"字符中最完整的R的直线轮廓（如图1-71），然后运用"形状"工具将线条节点之间的直线"转为曲线"，并调整节点手柄，绘制、调整出流畅的曲线形状（如图1-72所示）。

②运用"形状"工具调整曲线节点是获取曲线形状的造型的主要手段，但逐一调整节点是非常费时的。在绘制 R 周围的字母 G 和 A 时，可以只做非重叠部位的曲线调整绘制，与 R 字母的重叠部位则保留直线（如图1-73所示）。以此方法完成所有的字母绘制。

③将每一个字母做颜色填充，将轮廓线取消。选取字母 R，在属性栏或"造型"工具对话框中执行"修剪"命令，对字母 R 周围字母做"修剪"，切除周围字母的直线部位。这样，我们就获得了字母之间的共用轮廓。个别字母中的镂空，同样是利用合适的形状对字母做"修剪"来完成的（如图1-74所示）。

将所有修剪完的字母"群组"，选取黑色的衬底，对"群组"图形执行"相交"命令，也就将超出封面之外部分去掉。这种做法节省了逐个字母全做曲线调整的麻烦，又可得到衔接流畅的共用轮廓。

1.4.4 运用整合"造型"工具绘制重叠图形

【案例分析】

图1-76是图形大师艾伦·弗莱彻设计的晚会邀请广告中的字母图形。晚会（PARTY）字母以不同的色彩交叉重叠，具有浓烈的喜庆色彩又有元素之间的相扶相携。我们使用 CorelDRAW 的整合"造型"工具配合图层的编排，来实现这种交叉重叠的图形创意。

【教学要点】

运用"修剪"、"打散"和图层顺序来制造相互交叉的图形效果。

【制作步骤】

①运用"文本"工具输入PARTY字母（图1-77），如果计算机中没有安装相应的字体，运用"矩形"工具来绘制字母也不会占用太多的时间。

②将字母 R 放置在中心位置，将其他字母旋转后放在相应的位置。然后运用P "修剪"A，字母P就被剪成由两部分构成的一体，在属性栏上点击"打散"按钮，字母P就

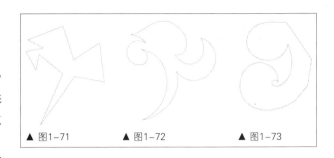

▲图1-71　　　　▲图1-72　　　　▲图1-73

▲图1-74

▲图1-75

▲图1-76　艾伦·弗莱彻设计的晚会邀请广告图形

PARTY

▲图1-77

▲ 图1-78

▲ 图1-79

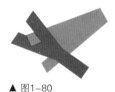

▲ 图1-80

成了两部分，将字母 P 的下端部分翻到上层，并用"形状"工具调整到合适位置，如图1-78~图1-80所示，以此"修剪"、"打散"和翻层调整的方法完成其他字母的编排。

总结归纳

本节通过"形状"和整合"造型"工具在设计案例中的运用，来体现如何从基础形状上获取理想造型和如何借助图形之间的层次、排列制造出匪夷所思的视觉效果 。"形状"工具不仅是获取理想造型的"万能手"，在文本以及位图的编辑中，也有着非凡的能力。"形状"工具和整合"造型"工具的结合运用，无疑是 CorelDRAW 造型功能强大的体现。在设计实战中，我们如何因势利导地运用形态、形状，筛选最合适的工具手段完成视觉创造，将是人机对话中互动智慧的体现。

课题训练

1. 练习使用"形状"工具描摹各种标志图形，体验如何从基本形状取得理想造型。

2. 运用整合"造型"工具绘制交通标志或警示标志，从中体验"修剪"、"焊接"、"相交"等手段应用与获取理想造型的方法。

▲ 图1-81　运用再制偏移制作的连续图案（包装纸）

1.5 变换再制和图层——阵列对象与管理的魔术

创建、修改、定位、变换和对象图层管理体现了 CorelDRAW 造型、排列和管理的强大功能，这些功能为艺术设计表现的多样化提供了无限的可能性和高效率。通过创建和修改得到理想单元造型以后，其位置变换、再制、复制其属性和图层管理像是增值阵列的魔术，对基础图形对象做出再利用的无数可能。在下面的应用举例中（图1-81），可以体验复制偏移、变换再制以及对象图层管理的运用。当然，艺术设计表现中对于工具和技术的应用是不尽相同的，而软件的技术功能总能给艺术创作的多样性提供支持。这些功能的进一步运用，有待于更多的发现与实践。

1.5.1 运用"再制"偏移阵列对象

【案例分析】

在 CorelDRAW 的"使用对象"功能中，有着一系列的"复制"、"再制"和"克隆"对象的功能，为对象的增值与变化提供了极大的方便。本例就是运用"再制"偏移，快速制作连续图案。

"再制"对象可以在绘图窗口中直接放置一个副本，而不使用剪贴板，它比复制、粘贴要快捷得多。同时，"再制"对象时，可以沿着 X 轴和 Y 轴指定副本和原始对象之间的距离，此距离称为偏移。可以将变换（如旋转、调整大小或倾斜）应用于对象的副本，而保持原始对象不变。运用一个对象按照一定的距离、角度再制副本，会很容易的阵列出各种连续的图案。

【教学要点】

"再制"偏移和"在指定位置复制对象"的应用。

【制作步骤】

① 首先将星形和文字构成的标志群组，作为一个原始对象，用它来作为"再制"偏移的基本单元。

② 选取对象，在"窗口"菜单中打开"变换"面板。可以目测再制对象之间的距离，也可以在"变换"面板中的"位置"水平中输入精确距离数值，点击"应用到再制"（图1–82），点击几次就会有几个对象依照指定距离再制出来。目测对象间的距离再制较快捷，选取对象后，配合[Ctrl]键向右做水平移动，在合适的位置右击鼠标，这样就再制出一个对象副本，紧接着按下[Ctrl]+[D]键再制，按几次组合键，就会有几个对象在水平位置上依照相同的间距再制出来。

③ 框选再制出来的一行标志对象，向下移动并将星形对象对准上一行的两个星形对象之间，右击鼠标复制出第二行星形标志（图1–83）。框选两行对象，向下移动，在合适的位置右击鼠标复制，紧接着按下[Ctrl]+[D]键再制，直到满足你所需的行数。也可以在"变换"面板中的"位置""垂直"中输入间距数值，单击"应用到再制"。

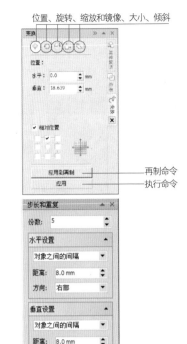

位置、旋转、缩放和镜像、大小、倾斜

再制命令
执行命令

▲ 图1–82　变换面板和选项

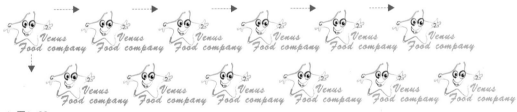

▲ 图1–83

④ 绘制一个浅蓝色衬底，框选所有的再制对象。运用"剪裁"工具去除多余部分，一个星形标志的连续图案就绘制完成了。

这种简单快捷的"再制"偏移功能，在绘制其他排列的连续图案、表格、阵列图形等方面都有着非常快捷的绘图效率表现。

1.5.2 运用"变换"排列连续图案

▲ 图1-84 运用"变换"位置、旋转、镜像再制等功能绘制的连续图案

【案例分析】

图1-84是运用"变换"再制排列完成的几何装饰连续图案。运用"挑选"和"自由变换"工具也可以进行图形对象的大小、位移、缩放、镜像等变换操作。而使用"变换"面板可以输入数值、角度等从而精确地"变换"对象。在"变换"面板中不但可以对单一对象进行"变换",还可以在"变换"的同时"再制"对象。

【教学要点】

"变换"、"再制"、"在选定对象周围创建边界"和"复制对象属性"等综合应用。

【制作步骤】

① 绘制一个矩形,填充蓝色(C70,M40,Y10,K0)作为图案的底色,并在衬底对象上右击鼠标,在弹出的菜单中执行"锁定对象"命令,以避免在其上面绘制其他对象时对它的影响。

② 接下来绘制中心纹饰。绘制一个正方形,在"变换"面板中的"相对位置"的复选框中勾选右上角的空格,点击"应用到再制"两次,方形就在其右上角对角排列出两个。然后选取最上面的方形,在"相对位置"的复选框中勾选右下角的空格,点击"应用到再制"两次。然后在"相对位置"的复选框中勾选左下角的空格,点击"应用到再制"两次。再在"相对位置"的复选框中勾选左上角的空格,点击"应用到再制"一次。一个以方形为单元的顺时针菱形排列的图形就出来了,如图1-85所示。

③ 将方形构成的菱形框选、群组。绘制一个正圆形,与菱形做中心对齐。按下[Ctrl]键选取靠近中心的四个方形(按下[Ctrl]就可以编辑群组对象中的部分对象),改换为红色。如图1-86、图1-87所示。

绘制一个横向的矩形,填充白色,并与圆形做横向的中心对齐,在"变换"面板中的"旋转"方式的旋转"角度"中输入90°,点击"应用到再制",一个竖向的矩形就再制出来,在中心形成一个"十"字形,如图1-88、图1-89所示。

点选横向白色矩形,按小键盘上的[+]号键做原位复制,用"挑选"工具配合[Shift]键做中心缩小,并在红色方形上按下鼠标右键拖动到白色矩形上,当鼠标出现一个⊕时释放鼠标,就会弹出一个小型的菜单,在其中选择"复制填充",这样就将方形的红色填充属性复制到白色的矩形之上了。然后在"变换"面板中的"旋转"方式的旋转"角度"中输入90°,点击"应用到再制",一个红色的"十"字形就完成了,如图1-90所示。

④ 绘制一个正方形,在其上点击鼠标右键,在弹出的菜单中执行"转换为曲线",用"形状"工具双击正方形的左上角节点,将其删除,得到一个直角三角形(图1-91)。复制一个,群组形成再制单元。

在标尺中拖出一条竖向辅助线,与图形的中心对齐,并在属性栏上的"贴齐"中设置"贴齐辅助线"。选取两个三角形,运用"自由镜像"工具将镜像中心贴齐辅助线,并右击鼠标,一个镜像再制的三角形就出现在图形的右侧,如图

1-92所示。用同样的方法做竖向的镜像再制，如图1-93所示。

　　⑤ 将绘制好的（图1-94）组合图形做平移再制，然后旋转45°，改变其中的局部颜色和形态，由这两个图形构成连续图案的一个基础单元。

　　绘制三角形，并运用再制等功能将其丰富，作为边饰连续的单元，如图1-95所示。

　　⑥ 选取群组的单元，在"变换"面板中的"位置"中勾选"相对位置"右侧中间，点击"应用到再制"，需要几个单元的再制，就点击几次"应用到再制"按钮，如图1-96所示。

　　用同样的方法再制边饰图形。只是要测量出单元对接的中心距离，分别在对接的三角形中心画两条竖线，将其群组，在属性栏上的"对象大小"中显示出横向大小为17.65mm。在"变换"面板中的"水平"中输入17.65，勾选"相对位置"中的右侧中心，点击"应用到再制"，效果如图1-96所示。

　　⑦ 框选连续图案的中心图形，在"效果"菜单中执行"创建边界"，然后做边界的向外轮廓图，在"排列"菜单中执行"打散轮廓图"，将轮廓线改为蓝色。

　　全选整个图形，用"裁剪"工具切除多余部分，一段连续的装饰图案就制作完成了，如图1-84所示。

1.5.3 绘图时的"对象管理器"（图层）应用

【案例分析】
　　在本例徽标绘图或进行复杂绘图时，对象的管理就变得非常重要。CorelDRAW 的绘图特点是靠对象的垒积，最先创建的对象处在最下，后创建的处在上面，以此排列。我们用上下翻层、群组来管理绘图，其实并不是真正的"图层"应用，只能组织一般性（对象数量较少）的绘图，这使得CorelDRAW 的"图层"看似无足轻重，不像Photoshop图层那样鲜明。其实，

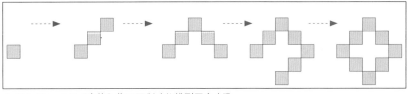

▲ 图1-85　运用"变换"位置再制功能排列图案步骤

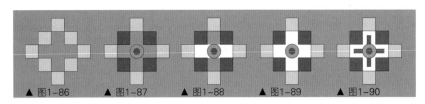

▲ 图1-86　　▲ 图1-87　　▲ 图1-88　　▲ 图1-89　　▲ 图1-90

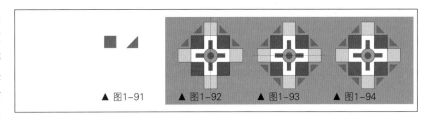

▲ 图1-91　　　　▲ 图1-92　　▲ 图1-93　　▲ 图1-94

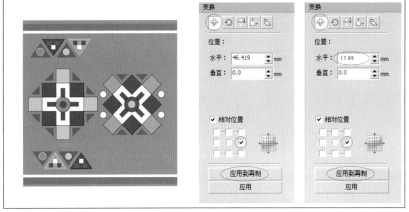

▲ 图1-95

▲ 图1-96

▲ 图1-97

在复杂的绘图中"对象管理器"尤为重要。如利用黑白线稿绘图,我们几乎无法辨认"层"和"组"的分别。本例绘图中(图1-97),利用了"对象管理器",将主要的组件分别绘制在不同的图层中,选取、修改和管理对象就非常方便。

【教学要点】
复杂绘图时运用"对象管理器"组织管理绘图。

【制作步骤】
① 在"窗口"菜单的"泊坞窗"中勾选"对象管理器",绘图页的右侧就会弹出折叠式"对象管理器"对话框(图1-98),这个对话框和 Photoshop 中的"图层"是一样的。可以新建图层、可以控制跨层编辑和查看图层等。关闭"图层管理器"上的"跨层编辑"按钮,就可以在选定图层上绘图而不影响其他图层的对象。打开"图层管理器"上的"跨层编辑"按钮,则可以跨层编辑。

② 设定一个新图层,也可以为图层命名以便管理。在该图层上绘制具有金属感的衬底部分。先从外圈开始以此向内绘制圆形,利用"修剪"工具裁剪出所需的圆环形,并做"渐变"填充中的"锥形"填充,如图1-99所示。

③ 再开设一个图层,在图层中绘制"4"和"标牌"。其图形绘制主要运用了"交互式轮廓"、"交互式调和"和"交互式阴影"工具,使得图形具有浮雕感,如图1-99所示。

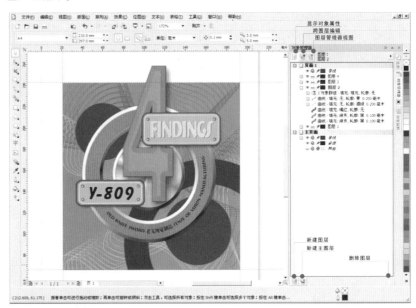

▲ 图1-98 对象管理(图层)器展开

图层 1 上的对象

图层 2 上的对象

图层 3 上的对象

▲ 图1-99 绘图中的对象(图层)管理

④ 再回到最下的图层，绘制背景部分。运用"交互式调和"绘制线的变换底纹。

这样就完成了整个图标的绘制，如图1-97所示。

总结归纳

本节选取三个设计案例来展示CorelDRAW 的位置变换、再制偏移和图层管理的强大功能。实战绘图中的工具、技法都是为体现设计意图而选用，工具、功能之间的综合应用是提高绘图水平和设计表现力的技术保障。CorelDRAW 更多的管理功能，比如"对齐"和"辅助线"的应用，虽没有在本节中列举，但已经贯穿在其他设计案例的应用中。

课题训练

1. 运用"再制偏移"功能绘制一幅连续结构的图案，从中体验"镜像"、"旋转"和偏移距离等设置的方法。
2. 运用"对象管理器"完成一项自选的绘图，有计划地分配对象所处的图层，体验图层管理和对象层次有何不同。

1.6 颜色和图样填充——色彩和质感肌理的营造

色彩和效果的表现对于设计表现的重要性是不言而喻的。在色彩方面，CorelDRAW为我们提供了多种颜色模式，如CMYK、RGB、HSB和灰度颜色模式，每种模式都是通过使用特定的颜色组件来定义颜色，供我们自定义选择。但绘图中所用的颜色都应该使用同一个颜色模式，使颜色保持一致，以便于更准确地预测最终输出的颜色。程序默认的是基于印刷的CMYK颜色模式，体现着本软件的行业应用特性。

我们试用以下的案例来体验"颜色填充"和"图样填充"的应用。

1.6.1 颜色模式和"均匀填充"应用

【案例分析】

"均匀填充"是 CorelDRAW填充颜色的基本方式，简单易行而又充满了平静感和装饰感。本例就是应用

▲ 图1-100　运用"均匀填充"方式绘制的插画

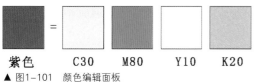

▲ 图1-101　颜色编辑面板

"均匀填充"绘制的一幅插画（图1-100）。在颜色运用方面，一要注意颜色模式的统一，比如图中颜色运用了CMYK模式，就不能混用其他颜色模式，以保证印刷输出的颜色效果；二是要有绘画色彩学理论指导用色，彩度、明度的对比、协调，将艺术设计中的色彩理论与软件技术、输出技术结合起来。

【教学要点】

"均匀填充"和"复制属性"应用方法。

【制作步骤】

① 运用线条轮廓工具绘制插画中的角色形象，并在调色板中选择所需颜色填充，如果默认调色板中没有合适的颜色，可以在状态栏中的颜色填充标识上双击鼠标，进入"均匀填充"的颜色编辑面板"调配"新的颜色，可以将新的颜色添加到调色板（图1-101），也可以在调色板的任意颜色上按下鼠标数秒，其颜色上就会弹出一个同类色的选择框，可以在其中选择彩度和明度不同的颜色（见图1-102所示）。

▲ 图1-103　运用"交互式填充"工具填充对象时显示在属性栏上的选项

还可以点击"交互式填充"工具，在"填充类型"中选择填充模式、编辑填充和复制填充属性，如图1-103所示。CorelDRAW 是允许以多种渠道进行某种编辑的。

② 了解了如何选用颜色模式、编辑颜色后，就可以在绘图中进行"逐类赋彩"的运用。如果在绘图中需反复运用某种颜色，"复制对象属性"是一个很快捷的方法。

可以选取对象，在调色板中选用同样的颜色填充。也可以在绘图中选择理想的颜色复制到另一个对象上，其方法有：

○ 在理想颜色的对象上按下鼠标右键，拖至目标对象上，出现一个⊕标志后释放鼠标，这时就会弹出一个小菜单，在其中选择"复制填充"或者其他的属性复制。这种方法只能一次复制一个对象。

○ 可以选取要填充颜色的对象，在"编辑"菜单中执行"复制属性"命令，在弹出的"复制属性"版面中选择要复制的"轮廓"、"轮廓色"或是"填充"。这种方法就可以将所选对象的"属性复制"一次完成。

○ 还可以利用"滴管"工具，在属性栏上的"复制示例"中选择"示例颜色"，用"滴管"在理想对象上点击，然后将"滴管"切换成"颜料桶"，用"颜料桶"在目标对象上点击，其理想上的颜色属性就复制到目标对象上来了。

多种"复制属性"的方法为我们提高绘图效率提供着技术支持。

▲ 图1-102　选择近似颜色

▲ 图1-104　运用"渐变填充"方式绘制的少儿读物插画

1.6.2 "渐变填充"应用与立体感变化效果制造

【案例分析】

图1-104运用"渐变填充"中的多种式样填充图形对象，打破了"均匀"填充的平静，可以使画面产生丰富的过渡渐变和体感效果，这种效果运用于少儿读物的插画和其他造型范畴都是变化万千、丰富多彩的。这种颜色亮丽多变的效果在 CorelDRAW 中实现起来是简便易行的，其效率也是传统手绘所不可企及的。

【教学要点】

"交互式渐变填充"的应用和编辑以及复制属性的综合应用。

【制作步骤】

① 绘制角色的主体形态并填充颜色。打开"交互式填充"工具，在属性栏上的"填充类型"列表中选择所需的填充样式，这里选用的是"射线"式样。也可以点选"填充"工具，打开"渐变填充"面板，在面板中设置所需颜色、渐变样式、选择程序自带的填充样式或自定义填充样式。程序默认的渐变填充变化处在对象的中心部位，可以利用呈现在填充对象之上的手柄来调节渐变程度和移动中心位置，点击调节手柄上的"色块"后，再点击调色板上的任意颜色块，可以改变渐变填充中的颜色（如图1-105、图1-106所示）。

▲ 图1-106　造型和渐变填充的步骤

② 可以用边绘形边填充，边填充边调整的方式来逐步塑造，也可以先绘制好所有的造型再做渐变填充。角色的其他形态元素以此方法逐步完成。如遇到对称或多个相近的对象造型，则对其复制、调整，得到所需的形态和渐变填充效果。角色中的眼睛、耳朵、身体等以此法炮制，如图1-106所示。

③ 造型过程中的适时"复制"是提高绘图效率的方法。可以对对象形态复制，也可以只对颜色填充复制。基本是以创建、填充、复制和变换调整（小的调整利用"挑选"工具的"大小"、"倾斜"和"旋转"就足够了）的方法来逐步完成插画的。

1.6.3 "图样填充"与纹理制作

【案例分析】

运用"图样填充"可以利用预定的图样来填充对象，制作出各种纹理。图1-107就是运用"图样填充"中的"单色样填

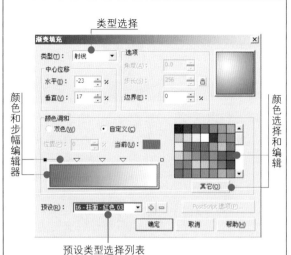

▲ 图1-105　"渐变填充"编辑面板

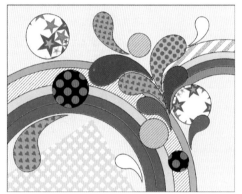

▲ 图1-107　运用"图样填充"绘制的装饰图案

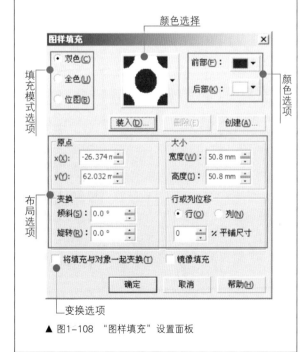

▲ 图1-108　"图样填充"设置面板

充"和"双色样填充"来绘制的装饰图案。很多图样在工程绘图中的剖面图标识中也会经常用到。

【教学要点】
"图样填充"的应用。

【制作步骤】
① 绘制好图案的形态以后，就可以运用"图样填充"。选取对象，在"填充"工具中类型选择"图样填充"，在"图样填充"面板中编辑设定所用的"填充模式"、类型、颜色、大小等，也可以创建自定义的图样（图1-108）。

② 勾选"图样填充"面板中的"将填充与对象一起变换"复选框，填充图样的大小、方向等就会与图形对象一起变换。

还可以点击"交互式填充"工具，在属性栏上显示出的相关选项中设置"图样填充"，如图1-109所示。

▲ 图1-109 应用"图样填充"时属性栏上显示出的设置选项

③ 在选取的图形中，运用填充选项设置，就可以做"单色样"、"双色样"和"位图"类型的填充，每一种类型之下又有多种样式的图样选择，为矢量绘图的颜色、肌理等效果制造提供着支持。当然，设计作品的效果体现往往是用最少的语汇表述丰富的含义和展现丰富的视觉效果。

总结归纳

　　本节通过所举设计案例，简要阐述了CorelDRAW的颜色模式和利用色彩、质感与图样填充营造图形效果的方法。不同的填充样式和设置选项，将产生不同的颜色或质感效果，而"逐类赋彩"的"均匀填充"方式是图形着色的基本方法。最基本的方法较之变化多端的特效功能，在艺术设计应用中并无高低之分，以达到设计意图的表现效果为好。多种多样的软件工具、功能和特效，并不可能同时运用于一个设计中，设计总是以最节约的手段或方法获取最适当的效果体现为原则。

课题训练

　　1. 运用一个或多个图形，实验各种填充的效果，并记住各种效果对应的选项和设置，作为效果应用时的参考。
　　2. 运用多种颜色填充图形，并注意颜色模式在绘图中的统一性。体会不同颜色模式混合使用导致的输出或印刷的色彩失真。
　　3. 运用"渐变填充"工具，试做3个具有立体感的图形或卡通形象。

1.7 交互式工具——从基础元素到多变的矢量特效制作

　　CorelDRAW提供了多种颜色填充和图样模式，使得矢量造型变得丰富多彩。同时，CorelDRAW还提供了一套"交互式"特效制作工具，使得矢量造型的效果可以与照片的真实程度相媲美。"交互式"工具中的"调和"、"阴影"与"透明"功能多体现在效果制造上，而"交互式轮廓图"、"封套"、"变形"、"立体化"则是相对于造型的特效工具。

　　我们用以下的案例来体验颜色填充、"交互式"工具的应用。所列案例未必全面涵盖软件的工具、功能的运用，实现效果表现的技法策略也未必只是一种。举一反三地贯通应用和创造性应用工具技法才是创造艺术表现多样化应有的态度。

▲ 图1-110　运用"交互式填充"工具绘制的洁具配件效果图

1.7.1 "渐变填充"与立体效果制作

【案例分析】

　　图1-110是绘制的一件洁具五金件中的配件，商业插图和产品推广中经常会用到此类的矢量图。由图1-110可见，平面设计软件也可以绘制出具有立体感和光影效果的绘图。这种效果的表现主要运用了"交互式填充"工具中的"线性"、"射线"和"圆锥"等模式，并配合"交互式透明"工具的运用。

【教学要点】

　　"交互式填充"和"交互式透明"工具应用。

【制作步骤】

　　① 运用基本图形工具绘制部件的形状已不必多言，只是要注意物体中的透视关系。然后分别做各部件的填充。根据不同材质的质感做出渐变填充应用的选择，比如铜或不锈钢材质的效果均可以通过"自定义渐变填充"的设置（图1-111）来达到所需效果，也可以通过调整"填充手柄"来变换填充的角度方向和变化程度。同时注意部件的斜面、平面、圆柱的变化、颜色强度的协调和光线变化的协调。如图1-112所示。

　　② 绘制完部件主体后，添加背景和倒影、阴影会增加绘图的立体表现，其方

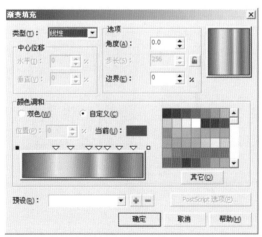

▲ 图1-111　自定义渐变填充

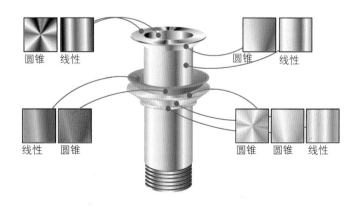

▲ 图1-112　部件中的渐变填充式样运用

▲ 图1-113 软体包装清洁用品包装设计

法是使用"交互式透明"工具。"交互式透明"工具的操作与"交互式填充"相近，其选项中包含了"标准"、"线性"、"射线"和"圆锥"等透明样式，只是它的渐变不是颜色间的变化，而是从无到有的逐渐变化。值得注意的是，在设定渐变颜色时，一定要运用相同的颜色模型（如CMYK），以确保作品输出的色彩效果。

1.7.2 "交互式调和"与立体效果制作

【案例分析】
"交互式调和"工具是制造具有曲面变化的立体效果的方法，综合运用交互式"调和"、"渐变"和"透明"工具可以制造出与照片媲美的矢量作品。图1-113就是利用这种方法绘制的产品效果图，该图较好地表现了软体包装物的材质、曲面立体感和结构。

【教学要点】
"交互式调和"的综合应用。

【制作步骤】
① 运用基本图形工具绘制软体包装的主体，然后按下小键盘上的[+]号键做原位复制，将复制出的对象用"形状"工具调整，得到一个小于原形态的对象。值得注意的是，不要增减原对象上的节点，使两个对象上的节点数保持一致。以此方法取得另一个近似形，并分别填充颜色。

② 点击"交互式调和"工具，做基础形和中间形的"调和"，方法是选取其中的一个对象拖拽到另一个对象上。依次将三个近似对象做"调和"，形成主体对象的立体效果。"交互式调和"就是利用近似形的渐变而形成对象之间的形象，给人以立体感。

为表现软管上部扁扁的形状，新建一个相应的形状，复制调整出另一个近似形，然后做它们之间的"调和"，放置在主体形之上，软管的主体就绘制完成了，如图1-114所示。

③ 运用同样方法制作瓶盖部分，只是制作这一部分的磨砂透明效果需要一些耐心。仔细分析其磨砂透明效果的形成，其实也就是将一个表现内部结构和形态对象处理成半透明状态，与之重叠，就会达到这种效果。

本例是采用了如下方法来完成的：先制作一个体现内部瓶口的形状，利用

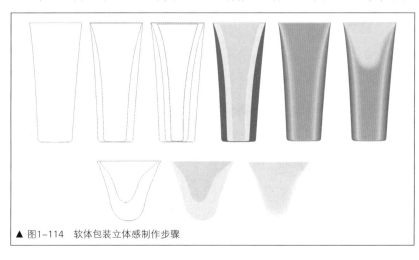

▲ 图1-114 软体包装立体感制作步骤

这个形状做"交互式阴影",将阴影的羽化设置为所需的程度,并将颜色设置为所需的橘红色。然后在"位图"菜单中执行"转换位图"命令,将其转换为CMYK模式的位图,用"透明"工具将其处理成半透明。再分别绘制出瓶盖的螺纹和其他结构,同样设为半透明状。与瓶盖部分重叠就完成了,如图1-115所示。

④ 封口部分的制作方法是先制作一个单元组件,同样是采用"交互式调和",因为物件很小,将"调和"的"步长"减少,以降低文件量。然后利用这一单元物件做平直"再制",就阵列出一排高低起伏的挤压状形体。画一条直线,将线端设置为圆头,复制一条线,将其设置为细线,做两条线的"调和",使之产生立体感。画一个圆角矩形衬底。将这些组件排列得当,即完成了这一部件的绘制,如图1-116所示。

⑤ 制作包装标识部分。输入文字,设置字体与颜色,并将字符"转为曲线"。注意使用最小字符能够辨别为好,其他排列无需赘述。如图1-117所示。

图1-113充分体现了软体包装物的材质、形状与立体感。

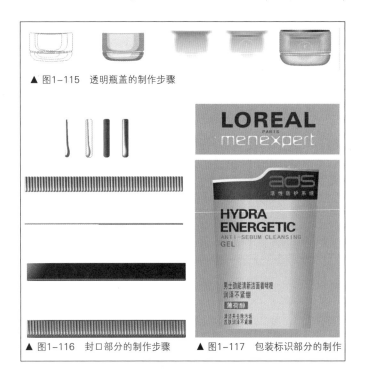

▲ 图1-115 透明瓶盖的制作步骤

▲ 图1-116 封口部分的制作步骤　　▲ 图1-117 包装标识部分的制作

1.7.3 "交互式调和"与连续效果制作

【案例分析】

"交互式调和"工具的变换运用,不但可以制造立体效果,还可以制作连续图案。本例的花边镜框(图1-118),就是采用"交互式调和"工具并改变"步长"、路径等方法制作的。这是一种制作花边图案的快捷方法。

【教学要点】

"交互式调和"的变换应用。

【制作步骤】

① 用"多边形"工具配合[Ctrl]键绘制一个正多边形,然后运用"形状"工具调整出一朵花,复制一朵花,调小后放在花心处以丰富花的层次,完成一个单元元素的绘制。再复制出一个花朵,以做"调和"之用,如图1-119所示。

② 在两朵花之间做"交互式调和",运用"椭圆"工具配合[Ctrl]键绘制出一个正圆。运用属性栏上的"路径属性"中的"新路径",执行"新路径"命令后会出现一个↵,将其瞄准圆形按下鼠标,"调和"的花朵就附加在正圆上了,如图1-120所示。

③ 执行"调和"的状态下,在属性栏上的"杂项调和选项"中单击打开下拉对话框,勾选其中的"沿全路径调和"和"旋转全部对象",这时的花朵就相应地附着在整个圆形路径上,选中一朵花进行旋转调整,整个路径上的花朵都随之旋转,见图1-121。

④ 最后,调整"步长"数到合适的花朵密度即可,如图1-122所示。

▲ 图1-118 花边镜框

▲ 图1-119　　▲ 图1-120

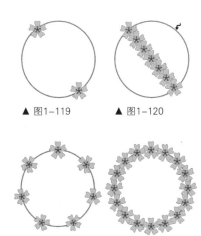

▲ 图1-121　　▲ 图1-122

▲ 图1-123　兰尼·索曼斯的设计作品

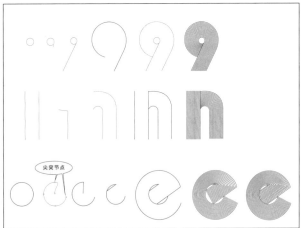

▲ 图1-124　字形制作解析

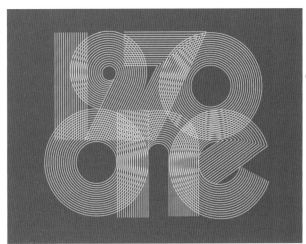

▲ 图1-125　运用"交互式调和"制作的等距线字形

1.7.4 "交互式调和"与等距线字体的制作

【案例分析】

本例借用了美国著名图形设计家兰尼·索曼斯的宣传册封面设计作品（图1-123），来解析"交互式调和"工具的另一种应用形式。索曼斯作品的制作是否是用此软件和方法已不重要，重要的是这种等距线条的字形，是大师的创意表现，也是运用"交互式调和"工具可以实现的一种表现形式。

【教学要点】

"交互式调和"的变换应用。

【制作步骤】

① 图1-123中1、7、0和O字符，显而易见是内外两个线条之间做"交互式调和"，就可以实现的。其方法是建立一个字形的线条，然后拷贝，做它们之间的"调和"，将调和"步长"数设置为14，形成等宽、等间距的字形。

② 图1-123中的9、n和e字形，则是具有变化的。9字形是先画一个圆形，将圆形"转为曲线"。用"形状"工具在圆形线条上的右下角处双击，增加一个节点，然后在其节点上右击鼠标，在弹出的菜单中执行"打散"节点命令。然后将端头的节点拖至下方所需的长度。如图1-124所示。

获得9字形的内轮廓线，然后复制，将复制出的外轮廓线调整成9的外轮廓。然后做两条线之间的"交互式调和"，将"步长"设置为14，完成9字的制作。

③ 用上述做法来制作e字符。先画一个正圆，并将其"转为曲线"，将要"打散"的节点两侧的节点设置为"尖突"类型。调整出e字符的内轮廓线。复制、调整取得外轮廓线。然后做两条线之间的"调和"。然后将"调和"后的e字，在"排列"菜单中执行"打散调和群组"后，将e字的中心部位的空缺部分，用"形状"工具调整到合拢位置。完成全部字形制作，如图1-125所示。

1.7.5 "交互式透明"工具的应用

【案例分析】

"交互式透明"工具可以对矢量图形的轮廓、填充色彩做多种式样和不同程度的透明处理，也可以应用于位图的透明度处理。本案例（图1-126）就是运用了"交互式透明"工具制作的一幅"舞蹈集会"招贴。在不同动态的形体形象上使用"透明度"，使其产生出舞蹈的动态连贯效果。

【教学要点】

"交互式透明工具"的综合应用。

【制作步骤】

① 将几种不同姿态的舞蹈形象照片（最好是无背景的）"导入"到绘图页，分别在"位图"菜单中执行"转换为位图"命令，将其转换为黑白（1位）图。然后在"位图"菜单中执行"描摹位图"，将其转换成矢量图。分别填充颜色。

② 将矢量化的舞蹈人物分别使用"交互式透明度"，在属性栏上的"透明度类型"中选择"标准"，将"开始透明度"设置为50%。然后将这些形象重叠在一个红色的衬底上，如图1-127所示。

③ 将文案文字输入到绘图，分别排列到合适的位置。运用"螺纹"工具绘制卷曲的曲线形，设置线条的粗细，并在"对象属性"面板中勾选"按照图像的比例"，以避免绘图缩放时线条出现与图形不一致的变化。

调整画面细节，完成招贴的绘制（见图1-126）。

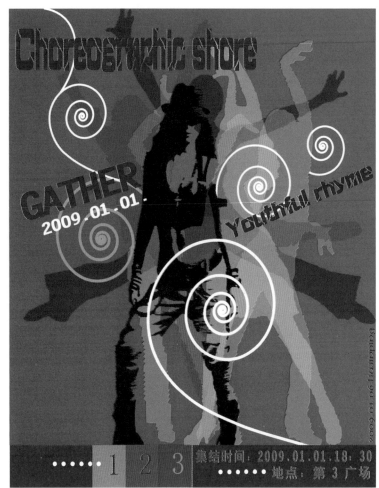

▲ 图1-126　运用"交互式透明"功能制作的海报

▲ 图1-127　运用"交互式透明"设置形象透明度

MODERN THE HOUSE RESIDES EXHIBIT

2008.10.01-10

现代家居
中国·青岛国际会展中心
36展

中国家具协会
中国工业设计协会

▲ 图1-128 运用"交互式"工具绘制的招贴

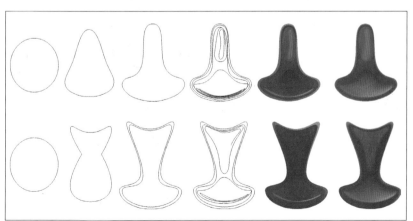

▲ 图1-129 运用"交互式封套""交互式调和"制作椅背造型的步骤

1.7.6 "交互式变形"工具的应用

【案例分析】

在图1-128所示"家居展"海报的设计中，综合应用了"交互式封套"、"交互式调和"和"交互式透明"等工具，营造出一个有着光线变化的家居展示环境，直白地告知受众，一个什么样的展会在什么地方展出。在表现上，CorelDRAW交互式工具的综合运用为体现曲面造型、物件结构和细腻的光感提供了可靠的支持。

【教学要点】

"交互式封套"、"交互式调和"和"交互式透明"工具的综合应用。

【制作步骤】

① 首先制作椅背的造型。绘制一个圆形，运用"交互式封套"工具中的"自由变形"模式来塑造出椅背的大致形状，如果能够将形状一次调整到位当然很好，如果不能一次取得理想的形状，可以将"封套"调整过的对象"转换为曲线"后，继续运用"形状"工具编辑对象的节点来获取理想的造型。"交互式封套"和"形状"工具在造型过程中，视对象造型所需而定，可以反复切换使用。一次塑造出椅背中曲面变化的对象形状，如图1-129所示。

② 当得到适用于"交互式调和"的对象后，填充相应的颜色，颜色模式需一致。下来就可以进行对象之间的"调和"。但一定要注意形状之间的线条节点数相一致，不然就会出现混乱。

"交互式调和"可以从"渐变填充"对象调和到"均匀填充"的对象上，也可以从"均匀填充"对象调和到100%"透明"的对象上。这样就可以获得更好的曲面形态的过渡变化。当实施了"交互式调和"后，仍可以进行对象形状的调整，如果"调和"后

的对象无法选取时，可以在"视图"菜单中将视图
模式切换成"线框"视图模式，这样所有的颜色和
"调和"后的过渡对象就看不到了，看到的只有原始
形状的轮廓线，这样选择、编辑起来就非常方便，
调整完毕后，即可切换回到"叠印增强"视图模式。

③ 可以运用线条之间的调和制作出椅子腿的立
体感。先绘制椅子腿的线条，用"形状"工具调整出
理想的形状，然后设置线宽到合适，再将线条的端头
设置为圆头。按下小键盘上的[+]号键原位复制，将
线宽设置为细线，并改变为浅色。接下来做两条线的
"调和"。见图1-130。

④ 用"手绘"工具勾一个阴影的轮廓，填充
成蓝灰色，复制出另一个后，将其透明度设置为
100%。然后做两个对象的"交互式调和"，使之成
为半透明状态的椅子阴影。

⑤ 绘制一个矩形，将其填充为蓝灰色，运用
"交互式透明"工具，在属性栏上的"透明类型"中
选择"射线"类型，做矩形的透明，使之成为从中
心逐渐向四周过渡的透明。复制一个矩形，向下调
整做展台的前面。然后将顶部的矩形转换为曲线后，
用"形状"工具调整成展台的顶面。复制展台前面
的矩形做展台的侧面，调整完成展台的绘制。

⑥ 输入文案文字，做文字的排版安排，使之与
主体元素形成结构上的对应关系。将文字转换为曲
线，完成招贴的设计绘图，见图1-128。

1.7.7 "交互式立体化"工具的应用

【案例分析】

"交互式立体化"工具可使文字和图形对象成为纵深感符合透
视规律的立体对象。虽然CorelDRAW的"立体化"功能不及3D软
件，但对于展示标牌设计的图形、文字的立体化体现，已经是绰绰
有余了。本例（图1-131）就是运用"交互式立体化"绘制的图形。

【教学要点】

"交互式立体化"工具的综合应用（图1-132）。

【制作步骤】

① 输入文字"2UKM"字符，分别选为字符填色。选取字符，
在"效果"菜单中执行"添加透视"命令，拖动透视网格的四角，
调整到合适位置，字符添加一个平面的"透视"效果。见图1-133。

② 运用"交互式立体化"工具选取字符，向下方拖动鼠标，
一个立体模型就创建了出来。如果立体模型的方向和深度不够理
想，可以在属性栏上的相应选项中调整，也可以拖动调节手柄中
间的滑块取得所需的立体模型。见图1-134。

▲ 图1-130　运用"交互式调和"制作椅子腿造型的步骤

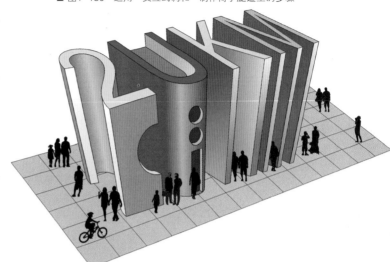

▲ 图1-131　运用"交互式立体化"制作的展示效果图形

▲ 图1-132　"交互式立体化"工具的相关设置和选项

▲ 图1-133　为字符应用"透视"效果，使之有一个较好的视角

▲ 图1-134　运用"交互式立体化"为字符创建矢量立体模型

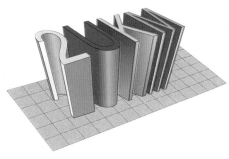

▲ 图1-135 "打散立体化群组"后为字符的不同侧面做"渐变颜色填充"

▲ 图1-136 运用"交互式网状填充"绘制的西红柿

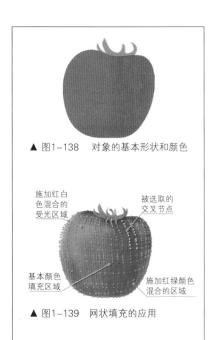

▲ 图1-138 对象的基本形状和颜色

施加红白色混合的受光区域

被选取的交叉节点

基本颜色填充区域

施加红绿颜色混合的区域

▲ 图1-139 网状填充的应用

▲ 图1-140 网状填充的效果

③ 选取字符立体模型，在"排列"菜单中执行"打散立体化群组"，可以见到的字符侧面就各自独立了。分别为各个侧面填充颜色。在立体化字符图形上做局部修改，增加一些视觉情趣。

④ 运用"图纸"工具绘制一个网格矩形，为方格矩形增加透视效果，调整到与字符图形相适应的位置。导入人物剪影，布置在字符图形的周围，调整到合适的大小，完成绘图，如图1-131所示。

1.7.8 "交互式网状填充"工具应用

【案例分析】

"交互式网状填充"工具可以创建任何方向平滑颜色过渡的特殊效果，而无须创建调和或轮廓图，可以指定网格的列数和行数，而且可以指定网格的交叉点。创建网状对象之后，可以通过添加和移除节点或交点来编辑网状填充网格，也可以移除网状。用此方法来渲染具有曲面立体感的物体是行之有效的，本例中西红柿的渲染就是应用了网状填充，见图1-136。

▲ 图1-137 网状填充时属性栏上的相关选项

【教学要点】

"交互式网状填充"工具的综合应用（图1-137）。

【制作步骤】

① 运用"手绘"工具绘制西红柿的外形，填充基本颜色，如图1-138所示。

② 选取西红柿图形，在工具箱中点击"交互式网状填充"工具，一个有着节点的网状就附加在对象上了。可以在属性栏上的"网格大小"框中输入所需的行数和列数来设置网格的密度。

③ 点击网格中的一块或交叉节点后，在调色板上点击所需的颜色，就可以为网状填充颜色。也可以选中一块或交叉节点后，将所需的颜色拖到选取的对象中。还可以选择混合多种颜色以获得更为调和的颜色过渡外观，如图1-139、图1-140所示。

还可以：

○ 添加交点——在网格里面单击一次，然后单击属性栏上的"添加交点"按钮。

○ 添加节点——按住 [Shift] 键，同时在要添加节点之处双击。

○ 移除节点或交点——单击一个节点，然后单击属性栏上的"删除节点"按钮。

○ 调整网状填充的形状——将节点拖动到新的位置。

○ 移除网状填充——单击属性栏上的"清除网状"按钮。

如果网状对象包含颜色，则调整网的交叉节点时，会影响颜色的调和方式。

④ 选取网状节点的方法有"矩形"和"手绘"两种方式，比如正在用的是"矩形"框选方式，而要选取的节点又不适合"矩形"框选，这时可以按下[Alt]键将选取方式切换成"手绘"方式来选取网状中的节点，也可以在属性栏上的"选取范围模式"中切换。

⑤ 选中合适的节点区域后，就可以在调色板上点击任意颜色来为其着色，还可以配合按住[Ctrl]键，同时单击调色板上的一种颜色来混合颜色，使得颜色过渡更加自然。比如在选取的交叉节点上已经填充了浅红色，可以按住[Ctrl]键，同时单击调色板上的

深红色，原来的浅红色就会在此基础上变得深重一些，见图1-139、图1-140所示。

⑥ 编辑网状的节点曲线，会影响对象颜色的过渡程度。也就是说，通过编辑节点的位置控制颜色的走向和均匀程度，可以通过节点的调整来实现更多变化的曲面对象立体感效果。其编辑节点的方法和"形状"工具编辑对象的方法相同。

⑦ 完成西红柿的"网状填充"后，运用"交互式透明"工具绘制背景，添加水珠和阴影，完成绘图。

总结归纳

本节通过几个设计案例阐述和展示了"交互式调和"、"交互式轮廓"、"交互式变形"、"交互式阴影"、"交互式封套"、"交互式立体化"、"交互式透明"和"交互式网状填充"等交互式智能工具。从中我们可以看到CorelDRAW在制造效果方面的强大功能。熟练使用图形特效工具，会使矢量图形的艺术效果变得更加丰富。

课题训练

分别运用"交互式调和"、"交互式轮廓"、"交互式变形"、"交互式阴影"、"交互式封套"、"交互式立体化"、"交互式透明"和"交互式网状填充"工具制作2~4种图形特效。

1.8 文本编辑与文本特效 ——承载信息与情感的视觉要素

CorelDRAW 不仅具有非凡的图形创建和效果制作功能，而且有强大的文本编辑处理功能。尤其是对使用PC机的艺术设计人士来说，CorelDRAW 不失为一款操作直观、图文编辑功能强大的软件。在平面设计领域，编辑处理文本的重要性无须赘述，文本不仅是解读信息的字符，同时也是形式美感的载体。CorelDRAW 提供了"美术文本"和"段落文本"两种模式的文本处理功能，"美术文本"为数量较少的文字编辑、特效制作提供了强大的技术支持，"段落文本"在应对大篇幅的文字编排上也有着强大的功能，比如"段落文本"的字符、段落格式化以及文本分栏、建立文本流等，都是非常方便而专业的。

下面通过案例来说明文本编辑和特效制作的方法。

1.8.1 文本的基本编辑和特效制作

【案例分析】

利用以下几个例子来阐述文本的基本编辑，如字距调整、对齐方式和"美

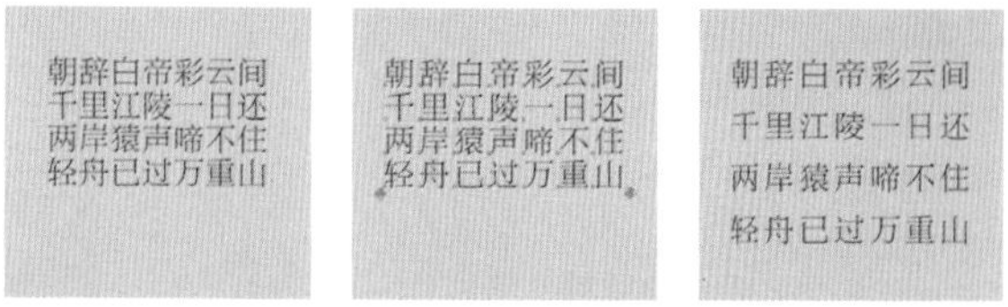

▲ 图1-141 "形状"工具对文本字距和行距的编辑

▲ 图1-142 "字符格式化"对话框选项展开

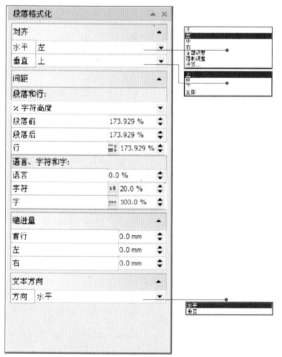

▲ 图1-143 "段落格式化"对话框选项展开

术文本"的特效施加等。"挑选"和"形状"工具对图形的编辑功能，在之前的案例中已经多有阐述。对于文本，"挑选"和"形状"工具同样具有编辑修改的功能。"美术文本"是可以应用特效的格式，也可以像图形一样变得丰富多样。

【教学要点】
文本的基本编辑和"美术文本"的特效施加。

【制作步骤】
① 运用"文本"工具输入文本或粘贴一段文本，如图1-141中的文字。运用"形状"工具点击文本时，文本的节点以及下方的可调整箭头就会显示出来。运用"形状"工具右移箭头，可以调整字距大小，向上下拖动箭头即可调整行距。当然，这些都可以在"字符格式化"（图1-142）和"段落格式化"（图1-143）版面中进行详细的设置，但"形状"工具的调整是快捷有效的。

② 通过"段落格式化"或属性栏上的"水平对齐"图标，可以水平对齐"段落文本"和"美术文本"。对齐"段落文本"参照段落文本框来放置文本。可以水平对齐段落文本框中的所有段落，也可以只对齐几个选定的段落。可以垂直对齐段落文本框内的所有段落。也可以将文本与其他对象对齐。

比如水平对齐文本。可用"挑选"工具选取文本对象，在"段落格式化"泊坞窗的"对齐"区域中，从"水平"列表框中选择一个对齐选项进行对齐。通过单击属性栏上的"水平对齐"按钮，然后从列表框中选择对齐样式，也可以使文本水平对齐。属性栏上显示与当前对齐样式相对应的对齐图标。如要对齐"段落文本框"中的选定段落，可用"文本"工具选定段落后对齐。

垂直对齐文本框中的段落文本。可以选择段落文本，并打开"段落格式化"泊坞窗。在"段落格式化"泊坞窗的"对齐"区域中，从"垂直"列表框中选择一个对齐选项来对齐文本（见图1-143）。由于中文字符和标点符号的原因，右对齐时很难将右边形成直线效果，这时可以运用"形状"工具拖拽字符节点来进行微调（见图1-144、图1-145）。

③ 运用"形状"工具可以对文本进行水平和垂直的位移、旋转、上标和下标以及更改大小写等编辑。用"形状"工具点击文本，文本的节点就会显示出来，点选其中的节点，在属性栏上的水平或垂直"位移"、旋转等相关选项中执行操作，即可编辑文本。

"位移"与"旋转"文本。垂直和水平位移"美术文本"和"段落文本"可以产生对齐和变化的多种效果。通过"矫选中带有标点的行，在“字符格式化”对话框中的“水平位移”窗口中上调92%。或者用“形状”工具选中文本并框选带有标点字行下显示出的节点，配合[Ctrl]键向右水平位移到合适位置。

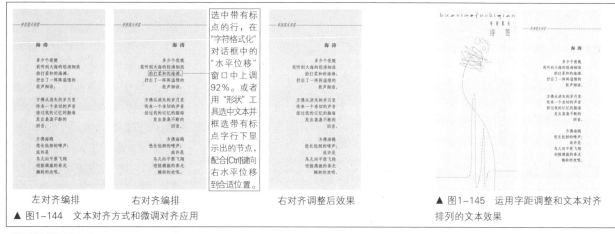

左对齐编排　　右对齐编排　　右对齐调整后效果

▲ 图1-144　文本对齐方式和微调对齐应用

▲ 图1-145　运用字距调整和文本对齐排列的文本效果

Variety
创意无极限

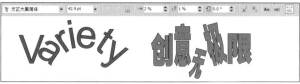

▲ 图1-146　用“形状”工具对文本位移、大小、旋转编辑的效果

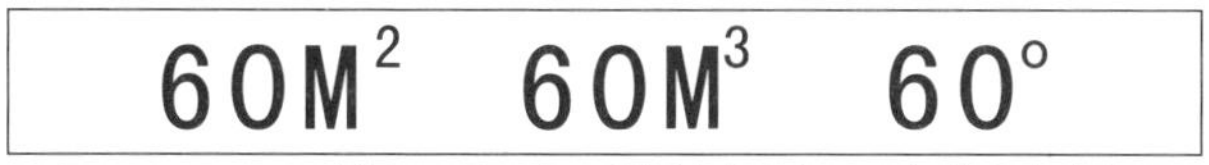

60M² 60M³ 60°

▲ 图1-147　用“形状”工具配合属性栏上的上标、下标编辑文本效果

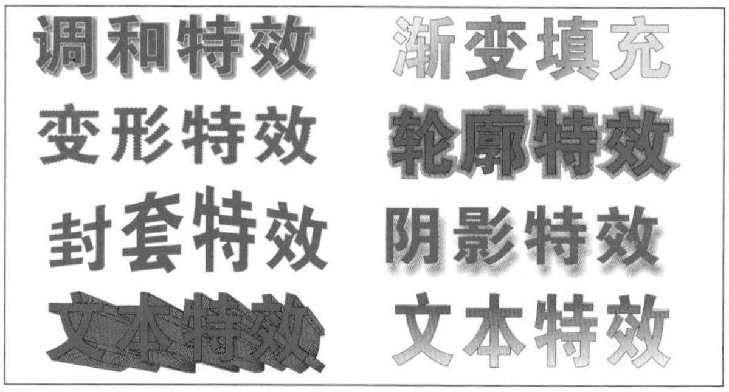

调和特效
渐变填充
变形特效
轮廓特效
封套特效
阴影特效
文本特效
文本特效

▲ 图1-148　应用了各种特效的“美术文本”

正文本”命令可以将文本恢复到原来的位置。可以将垂直位移的字符返回到基线，而不影响这些字符的旋转角度。也可以镜像“美术文本”和“段落文本”。如图1-146、图1-147所示。

④“美术文本”可以直接应用各种特殊效果，其文本属性不变（图1-148）。这样就为版式设计中的标题制作提供了丰富的特效可能。

1.8.2 使用“文本适合路径”特效编排文字

【案例分析】

运用“使文本适合路径”可以让文字适合于路径的形状，这种文本排列在徽标标志设计和版式设计中经常会用到。本例（图1-149）就是运用了“使文本适合路径”的方法，让光盘中的曲目文本排列成圆弧状，较平直的编排更具有形式感。

【教学要点】

“使文本适合路径”的应用。

【制作步骤】

① 关于光盘的形状绘制与图形的创建，在以前的图形

演出
无边界
MUSICBAND
●无边的海洋……
●春暖花开的原野
▲迷茫在海岸线上
■朝阳下的地平线……▲跨越草原的长路
●思乡的长河
■奔流的彩霞……

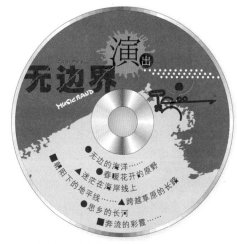

▲ 图1-149　光盘封面设计中的文本编辑

创建案例中已经多有阐述，这里主要讲述文字的排列。输入光盘曲目文本，由于字数不多，使用“美术文本”就可以了，输入时可将每一曲目分别“回车”另起一行，按下[Ctrl]+[K]键，将文字“打散”，也可以在“排列”菜单中执行“打散美术字”，曲目文字行就独立了。选取一行文字，在“文本”菜单中执行“使文本适合路径”命令，这时会出现一个图标，将图标指向要适合的路径（光盘中的内圆轮廓）轮廓按下鼠标，文字就“适合”在路径上了。如文字没有排列到位，可以通过属性栏上的相关选项来调整，见图1-150。

文字方向	与路径距离	水平偏移	镜像选择	贴齐到路径的距离	文字列表	字号大小	字符格式化

▲ 图1-150 执行"使文本适合路径"后属性栏上出现的有关选项

② 以此方法将曲目文字逐一"适合"在光盘的圆形上，通过调整"与路径距离"和"水平偏移"来调整文本的位置。

③ 选定适合在路径上的文本，在"排列"菜单中执行"打散路径里的段落文本"命令，文本与图形对象就分离开了。

图1-151的图标设计同样采用了"使文本适合路径"的方法。

1.8.3 版式设计中的文本编辑技巧应用

【案例分析】

文字在平面设计中的重要性是不言而喻的，它不但是解读信息的符号，也是视觉审美的符号。版式设计的主要任务就是将文字、图形图像和色彩元素有效地整合，建立视觉导读的流程。本例（图1-152）是运用了 CorelDRAW 的文本编辑功能设计的一帧版式设计，文本编辑的特效应用，总是带给版式鲜明的效果。

【教学要点】

"美术文本"、"段落文本"和"使文本适合路径"的综合应用。

【制作步骤】

① CorelDRAW 创建文字的方法是多样的，可以点击"文本"工具直接输入，也可以在 Word 文档中复制粘贴或导入，粘贴过来的文字颜色会自动改为CMYK模式。本例中的文字就是从 Word 文档中粘贴而来的。首先输入或绘制一个3的字形，一来表示此页是书籍的第三部分，二是作为适合文本时的路径。在右页的段

▲ 图1-151 "使文本适合路径"在图标设计中的应用

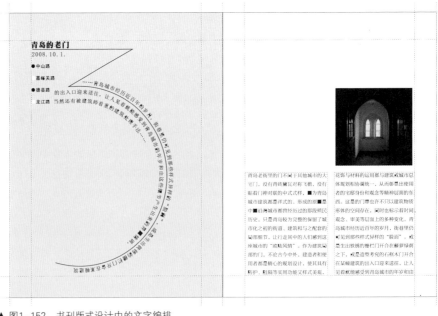

▲ 图1-152 书刊版式设计中的文字编排

落文本中节选一段文字，在"文本"菜单中执行"使文本适合路径"，将指针指向3的圆弧上按下鼠标，文字就"适合"在3字的路径上了，在属性栏相关选项中调整文字取得合适的位置。这样的编排就比平直的摆放文本要灵活得多，丰富了版面的形式感，也增加了阅读的情趣。

②在右边的页面中，点击"文本"行距，在页面上按下鼠标并拖动画出"段落文本框"，按下[Ctrl]键平行复制一个相等面积的文本框，作为正文"段落文本"的分栏。将准备好的文本在"字符格式化"和"段落格式化"中设置字体、字距、行距等，取得合适的字号、字体和行距。也可以运用"形状"工具，点击文本后，拖动向下的指示箭头来调整行距。然后将文本复制到页面上的文本框中，当"段落文本框"中容纳不下文字时，其文本框的下部会出现一个▼，表示其中有没显示出来的文字。

③用"文本"工具点击文本框下面的▼，当指针变成"链接到"指针时，单击另一个空白文本框，这时左边的文本框就"链接"了右边的文本框，左边文本框中没有显示出来的文字就会自动地流向右边的文本框中。这就是 CorelDRAW 文本编辑中的"建立文本流"。其好处在于，有效地链接了"段落文本框"，第一个文本框中的文字属性，将自动地应用于随后的文本框中。

④在版式设计时，可以设置页面大小，并设置版心、页边的辅助线，在属性栏中的"贴齐"中勾选"贴齐辅助线"功能，这样有助于元素对齐和页面之间的排列统一。

1.8.4 用文字元素塑造图形——"在对象中添加段落文本"的应用

【案例分析】
图1-153的两例招贴都是通过文字排列出图形，也就是直接将文字用于视觉信息的传递。不论中文或西文，设计中的文字都是针对于视觉的元素符号。中西文字符构成上不同，在视觉形式与信息含义上也都有所不同，相同的是文字与图形在平面设计中没有界线区分，元素之间互为衬托，形成总体设计的美感。下面结合两例创意手法，结合 CorelDRAW 的文本编辑功能中"在对象中添加段落文本"的功能，尝试此类创意表述。

【教学要点】
"在对象中添加段落文本"的方法应用。

【制作步骤】
①绘制一个人像轮廓。点击"文本"工具靠近人像轮廓，当出现指针时按下鼠标，这时"段落文本框"就嵌合在图形中了，可以直接在文本框中输入文字，也可以拷贝、粘贴文字。由于中文字符标点的特性，不会像西文字符那样整齐。

②在"排列"菜单中执行"打散路径内的段落文本"命令，文本与图形就分离了，其段落文本的排列形状仍保持人像的形状。

③将文字填充为白色，放置于深蓝色的底子上，一个以文字形成的图形就制作完毕了（图1-154）。

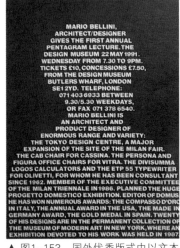

▲ 图1-153　国外优秀版式中以文本构成画面的作品

▼ 图1-154　"在对象中添加段落文本"的步骤

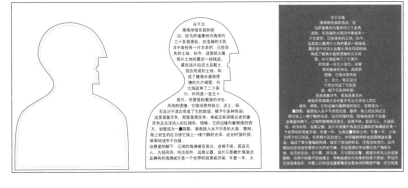

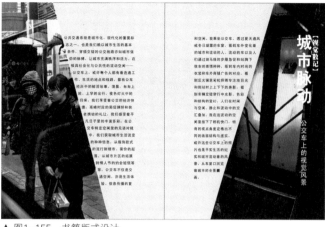

▲ 图1-155　书籍版式设计

▲ 图1-156　"段落文本环绕图形对象"应用案例

图1-155的版式设计，同样是运用了"在对象中添加段落文本"的方法完成的。图文之间形成了一种对应关系，增强了书刊版式的形式感。

1.8.5 "将段落文本环绕在对象周围"的应用

【案例分析】

图1-156是图文编排中经常用到的"图文环绕"应用案例。图中"段落文本"环绕在图形周围，形成互为衬托的排列常规形式。

【教学要点】

"将段落文本环绕在对象和文本周围"的方法应用。

【制作步骤】

选择要环绕图形的文本，单击"窗口"菜单中的"泊坞窗"，在其中打开"属性"。然后单击"对象属性"泊坞窗中的"常规"标签。从"段落文本换行"列表框中选择一种环绕样式。单击"文本"工具，然后在有图形的页面中按下鼠标拖拽出一个文本框来，这时的文本框就会自动将咖啡杯图形的位置空出来。在段落文本框中键入或粘贴文本。

如要更改环绕的文本和对象或文本之间的间距大小，更改"文本换行偏移"框中的数值即可。

将环绕样式应用于对象，然后将段落文本框拖动到图1-157"对象属性"中的选项对象上，可以将现有的段落文本环绕在选定的对象周围，见图1-158。

如要移除环绕样式，从"段落文本换行"列表框中选择"无"即可。

◀ 图1-157　"对象属性"中的选项

▲ 图1-158　建立"段落文本环绕图形"文本框

总结归纳

　　本节通过编辑文本和添加文本特效两节内容的阐述和举例，重点学习对段落文本的一系列编辑方法，诸如"添加文本"、"格式化文本"并应用式样和建立文本流的方法和技巧。这些方法的掌握，都将在版式、书籍装帧设计以及报刊书籍编排设计中显示出能效。

　　当大篇幅文本进入到一定的版面空间中时，文本与图形、图像往往被视为构成版面的元素。一切文本的设置、格式化和式样应用等，都是在为版面元素之间的秩序、协调提供具有效率的方法。

　　CorelDRAW X4 对编辑中文有了较大的改进和提高，作为技术支持已经基本没有问题。但中西文编排的很多方面仍然存在着不同，我们在借鉴和学习时应有所区别。因为中文的结构、意义、形象等都有着独特的含义，在创作设计时不能照搬西文编排的式样形式。

课题训练

　　1. 添加一段有一定篇幅的段落文本，运用"段落格式化"和"字符格式化"功能对其进行格式化，并利用其样式应用于其他段落文本。

　　2. 运用段落文本格式化、段落分栏和链接文本框等功能，按照实际尺度开设书刊页面，并进行图文编排。

　　3. 利用"使文本适合路径"的功能，设计1~4款带有文本内容的图标，并使文本适合在一定的路径或空间中。

1.9 位图的调整与模式转换——跨界编辑的平台

　　CorelDRAW 不但是创建矢量图形的专业软件，而且具有强大的位图转换、调整和位图特效功能，这足以让我们运用这一平台进行多样的图文编排和其他艺术创作。矢量图与位图之间、CorelDRAW 的CDR格式与其他文件格式之间都可以通过"转换成位图"和"导出"来进行良好的互换，"图像调整实验室"可以快捷地调整位图照片，这些都为运用本软件实现艺术设计手法和效果的多样化、个性化提供了强有力的支持。

　　下面通过实战案例来阐述如何运用 CorelDRAW 将矢量图转换成位图、位图描摹转换成矢量图以及如何进行位图的优化调整和颜色模式之间的转换。

1.9.1 矢量图与位图的转换

【案例分析】

图1-159是运用 CorelDRAW 绘制的一幅装饰画，通过此图来阐述如何将矢量图装换成位图。矢量图转换成位图（"光栅化"图像）之后就具有位图图像的属性了。可以对其应用编辑位图的滤镜等特殊效果。转换矢量图形时，可以选择位图的颜色模式。颜色模式决定构成位图的颜色数量和种类，因此文件大小也将受到影响。

可以为递色、光滑处理、叠印黑色、背景透明度和颜色预置文件等控件指定设置。还可以通过"导出"、设置图像模式来存储文件完成矢量图到位图的转换。

【教学要点】

"转换为位图"和"导出"位图的应用。

【制作步骤】

① 选取要转换的装饰画（矢量图），点击"位图"菜单执行"转换为位图"，在其对话框中设定位图的分辨率为300dpi、颜色设为CMYK模式并勾选其他选项（图1-160），确定即可。图1-161与图1-162分别是转换成位图（CMYK颜色模式）的装饰画和转换成位图（灰度模式）的装饰画。

勾选以下任一复选框的意义：

○ 递色处理的——模拟数目比可用颜色更多的颜色。此选项可用于使用 256 色或更少颜色的图像。

○ 始终叠印黑色——当黑色为顶部颜色时叠印黑色。打印位图时，启用该选项可以防止黑色对象与下面的对象之间出现间距。

○ 应用 ICC 预置文件——应用国际颜色委员会预置文件，使设备与色彩空间的颜色标准化。

○ 光滑处理——使位图的边缘平滑。

○ 透明背景——使位图的背景透明。

② "导出"位图。选取要转换的装饰画（矢量图），在属性

▲ 图1-159　装饰画（矢量图）

▲ 图1-161　转换成位图（CMYK　　▲ 图1-162　转换成位图（灰度模
颜色模式）的装饰画　　　　　　　　式）的装饰画

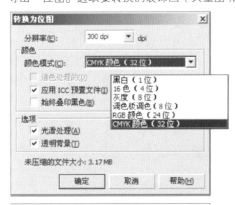

↑ 图1-160　转换为位图对话框选项
→ 图1-163　导出对话框和相关选项

框上点击"导出"按钮，或在"文件"菜单下执行"导出"。在弹出的"导出"面板中指定保存文件的位置、文件名和文件类型，在保存类型列表中可以看到，有 JPG、TIF等多种文件类型可选择（见图1-163）。设置好要导出的选项后执行"确定"，文件就以指定的类型格式保存在指定的文件夹中。

1.9.2 使用"图像调整实验室"调整位图

【案例分析】

本例是运用"图像调整实验室"快速、轻松地校正位图照片的颜色和色调。"图像调整实验室"由自动和手动控件组成，这些控件按图像校正的逻辑顺序进行组织。"图像调整实验室"中有多种控件，适当地运用它们来调整位图，可以得到所需的位图效果。

"图像调整实验室"的面板和功能选项见图1-164。

【教学要点】

运用"图像调整实验室"快速调整位图。

【制作步骤】

① 在"图像调整实验室"中工作时，可以利用以下功能：

○ 创建快照——可以随时在"快照"中捕获校正后的图像版本。快照的缩略图出现在窗口中的图像下方。通过快照，可以方便地比较校正后的不同图像版本，从而选择理想的图像。

○ "撤消"、"重做"和"重置为原始值"——图像校正效果不理想时，撤消和重做为我们提供了恢复的可能。"重置为原始值"命令可以清除所有校正，以便重新开始。

② 使用"图像调整实验室"中的"自动控件"调整位图。自动校正控件有：

○ 自动调整——通过检测最亮的区域和最暗的区域并调整每个色频的自动校正色调范围，自动校正图像的对比度和颜色。在某些情况下，可能只需使用此控件就能改善图像。而在其他情况下，可以撤消更改并继续使用更多精确控件。

○ "选择白点"工具——依据设置的白点自动调整图像的对比度。例如，可以使用"选择白点"工具使太暗的图像变亮。

○ "选择黑点"工具——依据设置的黑点自动调整图像的对比度。例如，可以使用"选择黑点"工具使太亮的图像变暗。

③ 使用"图像调整实验室"中的"颜色校正控件"调整位图。

使用自动控件后，可以校正图像中的颜色偏差。色彩偏差通常是由拍摄相片时的照明条件导致的，而且会受到数码相机或扫描仪中的处理器的影响。

○ "温度"（色温）模块——允许通过提高图像中颜色的暖色或冷色来校正颜色转换，从而补偿拍摄相片时的照明条件。例如，要校正因在室内昏暗的白炽灯照明条件下拍摄照片导致的颜色偏黄，可以将滑块向蓝色的一端移动，以增大温度（色温）值（见图1-165）。较低的值与低照明条件对应，如烛光或白炽灯灯泡发出的光；这

▲ 图1-164 "图像调整实验室"面板和功能选项

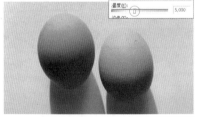

▲ 图1-165 偏色的校正取决于导致转换的光线类型。上图是在白炽灯或傍晚的自然光条件下拍摄的颜色偏暖的图像，下图是通过调整"温度"滑块向蓝色偏移校正后的版本。

▲ 图1-166　调整图像的亮度和对比度可以显示更多图像细节

▲ 图1-167　调整"高光"和"阴影"滑块可以使图像的特定区域变亮或变暗

些条件可能会导致橙色偏色。较高的值与强照明条件对应，如阳光；这些条件会导致蓝色偏色。

○ "淡色"滑块 ——可以通过调整图像中的绿色或品红色来校正色偏。可通过将滑块向右侧移动来添加绿色；可通过将滑块向左侧移动来添加品红色。使用"温度"滑块后，可以移动"淡色"滑块对图像进行微调。

○ "饱和度"滑块 ——可以调整颜色的鲜明程度。例如，将该滑块向右侧移动，可以提高图像中蓝天的鲜明程度。将该滑块向左侧移动，可以降低颜色的鲜明程度。将该滑块不断向左侧移动，可以创建黑白相片效果，从而移除图像中的所有颜色。

使用以下控件可以使整个图像变亮、变暗或提高对比度（图1-166）：

○ "亮度"滑块 ——可以使整个图像变亮或变暗。此控件可以校正因拍摄照片时光线太强（曝光过度）或光线太弱（曝光不足）导致的曝光问题。如果要调整图像中特定区域的明暗度，可以使用"高光"、"阴影"和"中间色调"滑块。通过"亮度"滑块进行的是非线性调整，因此不影响当前的白点和黑点值。

○ "对比度"滑块 ——可以增加或减少图像中暗色区域和明亮区域之间的色调差异。向右移动滑块可以使明亮区域更亮，暗色区域更暗。例如，如果图像呈现暗灰色调，则可以通过提高对比度使细节鲜明化。

④ 调整高光、阴影和中间色调。

可以使图像的特定区域变亮或变暗。在许多情况下，拍摄相片时光的位置或强度会导致某些区域太暗，其他区域太亮。

○ "高光"滑块 ——可以调整图像中最亮区域的亮度。例如，如果图像的亮部或高光过亮、退色，则可以向左侧移动"高光"滑块，以使图像的退色区域变暗。也可以将"高光"滑块与"阴影"和"中间色调"滑块结合使用来平衡照明效果。

○ "阴影"滑块 ——可以调整图像中最暗区域中的亮度。如照片主体处在逆光条件下，就可能会导致该主题显示在阴影中。可通过向右侧移动"阴影"滑块来使暗色区域变亮并显示更多细节，从而校正相片。也可以将"阴影"滑块与"高光"和"中间色调"滑块结合使用来平衡图像效果。

○ "中间色调"滑块 ——可以调整图像中的中间范围色调亮度。调整高光和阴影后，可以使用"中间色调"滑块对图像进行微调。

"图像调整实验室"对于 CMYK 颜色模式的图像不可用。对于 CMYK 图像，可以从"位图"菜单中访问"自动调整"过滤器和其他调整过滤器。

⑤ 使用"柱状图"调整位图。可以使用"柱状图"来查看图像的色调范围，从而评估和调整颜色及色调。例如，柱状图有助于我们检测由于曝光不足（在拍照时光线不足）而太暗的相片中隐藏的细节。

柱状图绘制了图像中的像素亮度值，值的范围是 0（暗）到 255（亮）。柱状图的左部表示阴影，中部表示中间色调，右部表示高光。

尖突的高度表示每个亮度级别上有多少个像素。如图1-167上图中，柱状图表示照片的较暗区域中存在大量的图像细节。

⑥ 在"图像调整实验室"中查看图像。

"图像调整实验室"中可以通过各种方式查看图像，可以评估并进行颜色、色调的调整。也可以旋转图像、平移至新的区域、放大或缩小图像，并选择在预览窗口中显示校正后图像的方式。在"图像调整实验室"中可以进行下列操作：

○ 旋转图像——单击"向左旋转"按钮或"向右旋转"按钮。

○ 平移到图像的另一个区域——使用"平移"工具拖动图像，直到要查看的区域可见为止。

○ 放大和缩小——使用"放大"工具或"缩小"工具，在预览窗口中单击。

○ 使图像符合预览窗口的大小——单击"按窗口大小显示"按钮。

○ 以实际大小显示图像——单击"100%"按钮。

○ 在单个预览窗口中查看校正后的图像——单击"全屏预览"按钮。

○ 在一个窗口中查看校正后的图像，而在另一个窗口中查看原始图像——单击"全屏预览之前和之后"按钮。

○ 在一个以分割线将原始版本和校正后的版本分割开的窗口中查看图像——单击"拆分预览之前和之后"按钮。将指针移至分割虚线上，然后通过拖动将分割线移动到图像中的另一个区域。

运用"图像调整实验室"调整图像是简单快捷的，如要对图像进行更多的调整，也可以运用"效果"菜单中的"调整"、"变换"和"矫正"等功能。还可以在"位图"菜单中或属性栏上执行"编辑位图"命令，程序会打开 Corel PHOTO-PAINT X4 插件，进行更多的专业修饰来调整位图图像。

1.9.3 运用 Corel PHOTO-PAINT 调整位图

【案例分析】

如果说"图像调整实验室"是一个简便快捷的位图调整工具的话，那么，主程序下的 Corel PHOTO-PAINT 图像编辑插件则针对位图图像提供了更多、更专业的调整修饰功能。我们通过本例中的照片结合 Corel PHOTO-PAINT 界面来阐述如何运用它来调整位图。

【教学要点】

运用 Corel PHOTO-PAINT 调整位图。

【制作步骤】

使用 Corel PHOTO-PAINT 编辑位图。

在 CorelDRAW 工作页面中选取位图后，在"位图"菜单中或属性栏上执行"编辑位图"命令，进入 Corel PHOTO-PAINT 程序中，对图像进行所需要的调整编辑后，点击"结束编辑"完成并"保存"，即可关闭 Corel PHOTO-PAINT 程序。

如下例：运用 Corel PHOTO-PAINT 程序调整图像的"亮度、对比度、强度"。

选取图像（图1-168），点击属性栏上或右击鼠标

图1-168　原图像

弹出菜单中的"编辑位图",程序自动进入到 Corel PHOTO-PAINT中,点击其中"调整"菜单下的"亮度、对比度、强度",在弹出的对话框中相应的滑块上做增减调整,使图像达到满意的效果后,执行"结束编辑"并"保存"图像。见图1-169。

当然,也可以在 Corel PHOTO -PAINT 中结合所需要的指令对图像进行各种编辑(如图1-170至图1-173所示)。Corel PHOTO -PAINT 与 Photoshop 软件编辑图像相近,其指令对应和执行都是简单明了的,在此不展开列举。

做"亮度、对比度、强度"的调整

增减了"亮度、对比度、强度"的图像

▲ 图1-169　运用"Corel PHOTO-PAINT"编辑图像

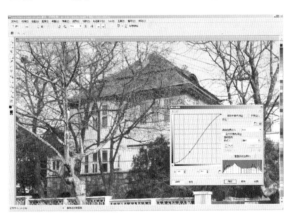
▲ 图1-170　运用"调和曲线"编辑图像

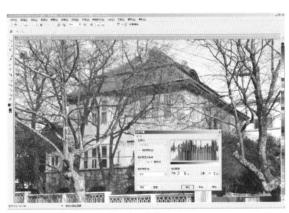
▲ 图1-171　运用"柱状平衡"编辑图像

▲ 图1-172　运用"高反差"编辑图像

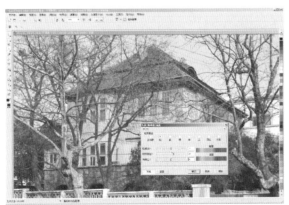
▲ 图1-173　运用"色度、饱和度、亮度"编辑图像

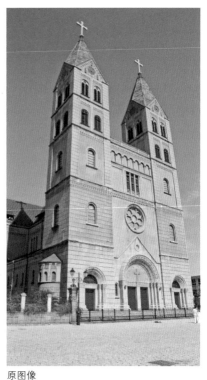

原图像

位图颜色遮罩中"隐藏颜色"的应用

位图颜色遮罩中"显示颜色"的应用

▲ 图1-174 "位图颜色遮罩"的应用

1.9.4 位图颜色遮罩应用

【案例分析】

这是一例"位图颜色遮罩"功能的应用示例（图1-174）。应用该功能，可以将位图中的指定颜色隐藏和显示。隐藏位图中的颜色时，将在图像中显示对象或背景。如图1-174中隐藏了蓝天背景。隐藏颜色还可以更改位图的明显形状。此外，隐藏位图中的颜色可以加快在屏幕上渲染对象的速度。也可以显示位图中的某些颜色，以改变图像的外观或者查看某种颜色应用的位置，颜色遮罩最多可以遮罩位图中的 10 种颜色，还可以更改选定的颜色，而不更改图像中的其他颜色。也可以将位图颜色遮罩保存到文件中并在将来使用时打开此文件。

【教学要点】

"位图颜色遮罩"功能的应用。

【制作步骤】

① 选取位图，在"位图"菜单中或属性栏中执行"位图颜色遮罩"命令，程序会打开"位图颜色遮罩"对话框（见图1-175）。在对话框中启用"隐藏颜色"或"显示颜色"选项。然后启用要隐藏或显示的通道旁边的复选框。移动"容限"滑块来设置颜色容限，"容限"越高，所选颜色周围的颜色范围则越广。

② 单击"颜色选择"按钮后在图像上点选一种颜色。单击"应用"完成（如图1-174所示）。

还可以通过单击"颜色选择"按钮，从位图中另选一种颜色，然后单击"应用"来更改遮罩的颜色。

▲ 图1-175 "位图颜色遮罩"对话框

1.9.5 位图的剪辑和重新取样

【案例分析】

在图文编辑工作中，可以运用"裁剪"和"剪辑"位图得到所需的外形和改变位图的分辨率。本例即应用该功能来编辑位图。

【教学要点】

运用"裁剪"和"剪辑"位图得到所需的外形和改变位图的分辨率。

【制作步骤】

① 将位图"导入"到绘图后，可以对位图进行裁剪、重新取样和调整大小。"裁剪"用于移除不需要的部分。比如要将位图裁剪成矩形，可以使用"裁剪"工具对其裁剪。要将位图裁剪成不规则形状，可以使用"形状"工具对位图周边进行节点增设、移动或调整节点的手柄来完成，如图1-176所示。

② 重新取样位图。对位图重新取样时，可以通过添加或移除像素更改图像、分辨率或同时更改两者。如果未更改分辨率就放大图像，图像可能会由于像素扩散范围较大而丢失细节。通过重新取样，可以增加像素以保留原始图像的更多细节。调整图像大小可以使像素的数量无论在较大区域还是较小区域中均保持不变。增加取样就是通过添加像素保持原始图像的一些细节。如要保持图像文件大小，可以启用对话框中的"保持原始大小"复选框。如图1-177、图1-178所示。

原图像

运用"裁剪"工具做矩形裁剪

运用"形状"工具做异形剪辑

▲ 图1-176 "裁剪"和"剪辑"位图应用

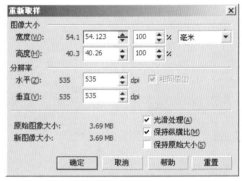

▲ 图1-177 重新取样对话框

▲ 图1-178 用"形状"工具剪辑过的图像仍隐藏并保留四周看不到的图像，通过重新取样就可以消除图像多余部分，以缩小其文件量

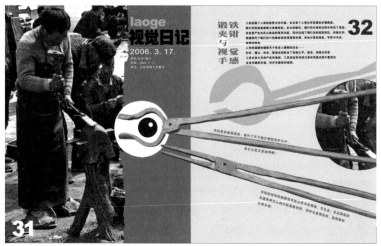

▲ 图1-179　"视觉日记"双开页设计

▲ 图1-181　"裁剪"照片图

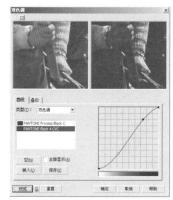

← 图1-180　集市铁匠照片原图像（RGB 颜色模式，JPG格式）

↑ 图1-182　转换"双色调"照片图

1.9.6 更改位图颜色模式应用

【案例分析】

本例是"视觉日记"中的双开页面（图1-179），在这里用来阐述 CorelDRAW 对于位图的编辑应用。运用"图像调整实验室"调整图像和"更改位图的颜色模式"为营造页面设计中的"怀旧"基调提供了快捷的技术支持。

【教学要点】

"更改位图的颜色模式"的综合运用。

【制作步骤】

① 导入"集市铁匠"照片（图1-180）到绘图页，运用"裁剪"工具，裁剪出所需部分（图1-181）。然后在"位图"菜单中点击"模式"下的"双色"，在"双色调"面板中的"类型"中选择"双色调"（图1-182），在颜色中选择褐色，并调整面板中的"曲线"增加图像对比度。在"位图"菜单中执行"转换为位图"，将照片的RGB颜色模式转换为CMYK颜色模式（图1-183），以适应印刷的需要。

这样就获得了"老照片"效果的图像。

② 将"铁匠"照片与"锻铁夹钳"图像排列成纵横对比结构，写入文字并设置字体、字号、颜色等，编排在与图像形成对比或协调关系的空间中，完成页面的编辑。

▲ 图1-183　转换RGB为CMYK颜色模式

1.9.7 由位图到矢量图的转换应用

【案例分析】

图1-184所示的"音乐会"海报设计得益于CorelDRAW描摹位图获取矢量图的功能。利用位图图像，通过"描摹位图"快速查询图像路径得到海报中的主体构成元素。由于"描摹位图"的设置精度不同时所生成矢量图的轮廓精度也会不同并带有一定的随机性，这种矢量图形会带有木刻版画的刀痕味道。描摹位图的多种转换方式和设置会得到不同效果的矢量图。

【教学要点】

"描摹位图"的综合运用。

【制作步骤】

① 导入"指挥家"和"贝多芬"位图图像到绘图页，分别做位图和矢量图的转换。选中"指挥家"黑白照片，在"位图"菜单中执行"转换为位图"命令，在其面板中设置"分辨率"为320dpi，"颜色模式"为"黑白（1位）"，并取消"递色处理的"的勾选。点击"确定"后，得到一个黑白模式的位图，如图1-185至图1-187所示。

② 选取黑白模式的"指挥家"位图，在"位图"菜单中执行"轮廓描摹"下的"高质量图像"，在弹出的PowerTRACE面板中设置"描摹类型"为"轮廓"，"图像类型"为"高质量图像"，在"选项"中勾选"移除背景"、"合并颜色相同的对象"和"移除对象重叠"。为获取较多的细节，可以调整"细节"到较高的位置。点击"确定"后，得到一个由黑白位图转换而来的矢量图形，如图1-188、图1-189所示。

③ 编辑得到的矢量图。将取得的矢量图解散"群组"，在图形下画一个颜色背景以便于查看白色图形。将解散群组的图形中的背景删除，并移除残留的黑色细节，将所需的图形"群组"，一个"指挥家"的图形就制作好了，如图1-190、图1-191所示。

④ 运用相同的方法获取贝多芬头像图形（图1-192）。这样我们就得到了"音乐会"海报所需的矢量图形。绘制海报背景，将矢量图形放置在适当的位置，输入文本，调整图文空间关系，完成海报制作。

▲ 图1-184 "音乐会"海报设计

▲ 图1-185 "指挥家"位图（灰度模式）

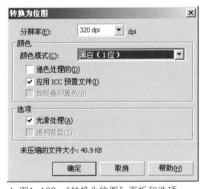

▲ 图1-186 "转换为位图"面板和选项

▲ 图1-187 "指挥家"位图（黑白模式）

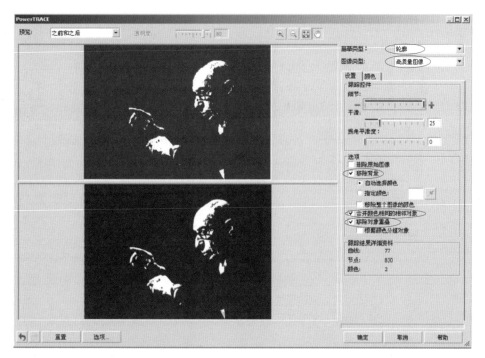

◀ 图1-188　PowerTRACE 面板和选项

▲ 图1-189　由位图转换而来的矢量图

▲ 图1-190　解散矢量图群组并编辑细节

▲ 图1-191　框选白色部分并群组，取得需要的矢量图

▲ 图1-192　用相同的方法获取贝多芬头像图形

总结归纳

　　本节通过矢量图与位图的转换、调整、颜色遮罩、位图的剪辑和重新取样、更改位图颜色模式和位图到矢量图的转换等案例，分别阐述了 CorelDRAW 对位图的编辑功能。可以从中看到 CorelDRAW 对位图处理的强大功能和优良的效果，并不亚于 Photoshop 等图像处理软件，为我们应用 CorelDRAW 进行图文编辑和艺术设计表现提供了一个良好的跨界通用平台。

课题训练

　　1. 运用"位图转换"、"图像调整实验室"，分别调整 6~10 幅照片，并将其转换为印刷模式。
　　2. 利用一幅素质较好的彩色照片，对其分别进行"单色调"、"半色调"和"多色调"颜色模式更改。
　　3. 利用你的照片、速写或黑白线稿，分别进行矢量化描摹转换。

1.10 位图滤镜特效——幻化多彩的图像效果制造

　　CorelDRAW 对位图的调整和转换功能，足以让我们运用它来进行矢量图制作和图文编辑，但 CorelDRAW 并没有放弃图像滤镜效果制造的功能，与 Photoshop 和 Painter 软件一样都附加了图像滤镜特效的功能。这为我们运用 CorelDRAW 独立平台进行艺术设计和CG 创作提供了支持。

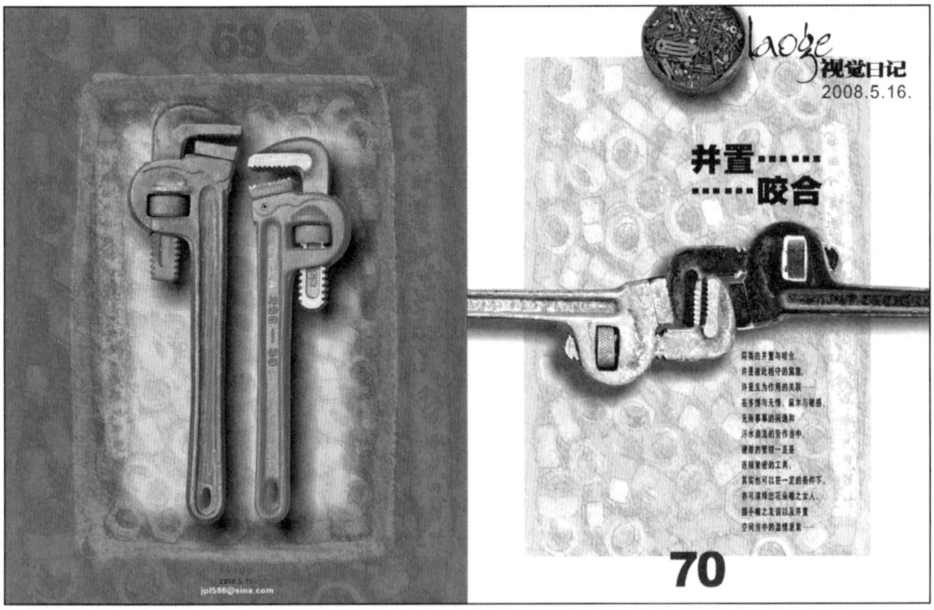

　　CorelDRAW 的滤镜特效中，既有效果的制造，也有图像变形的加工，可谓是千变万化。但在实际应用中，要根据设计任务表现的需要适当选用，就像颜色对于绘画色彩一样，并非越多越好。单纯地炫耀特技、特效显然不是视觉艺术设计表现的境界和目的。下面的设计案例中均有位图滤镜和其他技法的综合应用。特效是融合在作品整体效果之中的。

▲ 图1-193 "视觉日记"双开页设计

1.10.1 位图滤镜特效应用之一

【案例分析】

图1-193是"视觉日记"中的双开页面，以此来阐述 CorelDRAW 位图编辑功能。诸如位图调整、位图滤镜效果和位图模式转换等，都可以在 CorelDRAW 中完成。如果在图像处理时习惯用Photoshop，可以运用"导入"或"导出"来完成图像与排版的交流。其实，在 CorelDRAW 中是可以同样进行图像编辑处理的，位图的编辑功能为创造视觉效果给出了多种可能。

有关 CorelDRAW 千变万化的位图滤镜效果，可以在"位图"菜单中逐一试用，将每一种滤镜所生成的效果存储成自己的文件记录下来，以备制造视觉效果的不时之需。

【教学要点】

位图调整、转换和滤镜效果的综合应用。

【制作步骤】

① 首先处理所需素材，三个管钳和两个杂物盒的图像"去底"工作是在 Photoshop 中完成的，将其存储成PSD格式文件"导入"到绘图页中。在 CorelDRAW "位图颜色遮罩"功能中同样可以为图像"去底"，但边缘过于生硬。

② 将两个管钳并置组合到适当的位置，作为图1-193中左页面的主体形象，并在"效果"菜单下的"调整"中执行"亮度、对比度、强度"为位图素材增加相应的对比度。然后为两个管钳应用"交互式阴影"。

③ 将矩形的杂物盒在"位图"菜单下的"艺术笔触"中执行"素描"命令，取得具有铅笔素描效果的图像。在左页面中绘制一个矩形填充成深蓝色，作为衬底。将施加了"素描"滤镜效果的杂物盒图像运用"交互式透明"工具设置其透明度为60%，放置在管钳和深蓝色衬底之间。然后绘制一个矩形并做一个"阴影"，将阴影的颜色设置为白色，放置在"素描"杂物盒之下，使衬底有所变化，如图1-194所示。

④ 制作图1-193中右页面上的咬合管钳。在"位图"菜单下的"模式"中执行"灰度"命令，将管钳位图转换为灰度图像。在"效果"菜单下的"亮度、对比度、强度"中调整图像色调。复制出另一个管钳，在"效果"菜单下的"变换"中执行"反显"，使之呈负片效果，然后在"效果"菜单下的"调整"中执行"调和曲线"，调整图像的对比度。运用"旋转"和"镜像"，将两个调整好的管钳摆放成"咬合"的位置。将大于页面的图像用"形状"工具剪辑位图节点使之与页面边沿对齐。然后做两个管钳的阴影，并在"排列"菜单中"打散阴影群组"，将阴影转换为"灰度图像"，运用"形状"工具将大于页面的部分剪辑至与页面边缘对齐，如图1-195、图1-196所示。

⑤ 从左页面中复制素描效果的杂物盒到右页面，调整透明度使色调浅淡。置于"咬合"的管钳之下。

⑥ 输入文字，设置字体、字号大小，与图像构成协调关系，完成版面编排。

⑦ 将所有的RGB颜色模式图像在"位图"菜单中转换成CMYK颜色模式，以适合输出。

原图像

应用"素描"滤镜的灰度图

调整位图透明度

▲ 图1-194　"艺术笔触"之"素描"效果应用

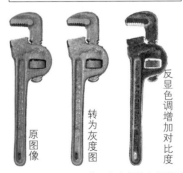

原图像　转为灰度图　反显色调增加对比度

▲ 图1-195　运用位图颜色转换和调整图像

▲ 图1-196　编排、剪辑组合图像

▲ 图1-197 图书封面设计

◀ 图1-198 原位图照片

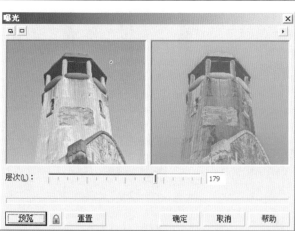

▲ 图1-199 "曝光"特效面板和选项设置

1.10.2 位图滤镜特效应用之二

【案例分析】

"颜色转换"位图特效可以通过减少或替换颜色来创建摄影幻觉效果,包括"半色调"、"梦幻色调"和"曝光效果"等。本例(图1-197)运用了位图"颜色转换"特效的"曝光"效果,将原来的摄影图片转换成梦幻效果,应用于图书封面,使之与图书主诉内容(历史建筑)相一致。

【教学要点】

位图特效"颜色转换"中的"曝光"效果应用。

【制作步骤】

① 导入塔楼的照片(见图1-198),其照片是在正常曝光的情况下拍摄的,如直接应用于封面,则显得效果平淡。导入的照片,可以在"图像调整实验室"中调整对比度等,然后再做滤镜效果。

② 选取图像,在"位图"菜单下的"颜色转换"中分别执行"位平面"、"半色调"、"梦幻色调"和"曝光"命

位平面　　　　　　　　半色调

梦幻色调　　　　　　　曝光

▲ 图1-200 "颜色变换"特效应用示例

令。在各自的滤镜设置面板中调整、设置相应的参数和选项（见图1-199），分别得出四种颜色转换的图像，如图1-200所示。

③ 在四种特效中选择"曝光"效果，并运用"形状"工具对图像剪辑，使之适合图书尺度，并在"位图"菜单中或属性栏上执行"重新取样位图"，使图像在改变了尺寸大小的情况下符合印刷要求。输入文字，并设置字号、字体，将文字编排在与图像的形式结构相协调的位置，完成封面设计，如图1-197所示。

1.10.3 位图滤镜特效应用之三

【案例分析】

位图特效中的"轮廓图"特效可以突出显示和增强图像的边缘。包括"边缘检测"和"描摹轮廓"效果。图1-201招贴设计中的图像，就是运用"轮廓图"中的"查找边缘"特效制作的。位图特效有很多时候不是直接应用的，而是设计加工过程中的一个环节，经过多种处理达到应用效果。

【教学要点】

位图特效"轮廓图"中的"查找边缘"效果的应用。

【制作步骤】

① 导入并选取茶具照片（见图1-202），在"位图"菜单中点击"轮廓图"之下的"查找边缘"，在弹出的面板中调试"层次"的效果与选项（图1-203），得到一个边缘清晰的图像，如图1-204所示。

▲ 图1-201　展览招贴设计

▲ 图1-202　原位图照片

▲ 图1-203　"查找边缘"滤镜面板

② 运用"形状"工具剪辑位图的边缘节点，将图像的周边衬底部分去掉，这种做法与 Photoshop 的"去底"一样，只是边缘没有相应地"羽化"，如图1-205所示。

然后在"位图"菜单中的"模式"下执行"双色"，在"双色调"面板中选择"三色调"，使图像变为茶色，如图1-206、图1-207所示。将图像调整到合适的大小，在属性栏上或"位图"菜单中执行"重新取样"。

③ 运用"阴影"工具为"双色调"图像增加阴影，将阴影颜色设置为白色。

▲ 图1-204 应用了"查找边缘"滤镜的图像

▲ 图1-205 运用"形状"工具剪辑后的图像

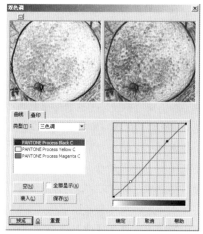

▲ 图1-206 运用"双色调"转换图像

▲ 图1-207 所需的"双色调"图像

接下来就是绘制"云纹"和"水纹"。可以先用"螺纹"工具绘制螺旋线，再用"形状"工具编辑出"云纹"和"水纹"的图形。运用"再制偏移"将单个的"云纹"阵列成所需的排列。将排列好的"云纹"框选、群组，用招贴的衬底矩形和"云纹"群组做"相交"，去除多余的部分。

④ 输入文字，选择字体、字号，与招贴的主体立意相吻合。编排文字位置，调整空间关系，完成绘图。

总结归纳

本节通过三个位图滤镜特效应用案例展现了CorelDRAW 对位图施加滤镜效果在设计中的应用。在位图效果中还有很多的特效，其操作方法简单直接，而视觉效果却是幻化多彩。有些是作用于色彩、肌理的变化，有些是对于造型形态的改变，有些又因设置和选项的不同生化出不同的效果，为视觉效果的创造提供着无限可能。在设计实践中，应用位图滤镜特效时，首先要了解每种特效方法可以制造出什么样的效果，这种效果是否带来视觉上美的享受。并非运用了特效技法的作品就一定是好作品，而是要看这种特效的运用是否表现了设计意图。

课题训练

1. 运用位图特效工具分别为几张像素较高的照片施加特效，并注意每种特效中的设置选项变化，将获取的效果分别注明所用的特效名称，并保存图像文件，以作为滤镜效果的记录储备。

2. 给一张高像素的位图施加位图特效，并将其应用于一项平面设计任务中。注意位图处理技法的综合应用，使之达到一定的特殊效果。

CorelDRAW
实战作品篇

课程目标

通过本单元课程的学习，拓展CorelDRAW软件的相关知识，强化专业应用的实践环节，使学生在掌握软件操作技能的同时具备一定的软件专业运用能力。

基本知识

通过若干实战案例展示CorelDRAW软件的强大造型功能，及其在广告、包装、书籍插图和产品设计等专业中的设计应用。

课题训练

本单元课题训练以实战案例为主，选择若干有专业针对性的设计案例，通过较深入的案例分析和课题引导，培养学生的软件操作和专业实践能力。

教学阐述

本单元对应 CorelDRAW 软件的主要功能组织制作了十几个实战案例，来解析软件工具、功能在艺术设计范畴的运用。在第一单元软件工具、功能使用的基础上，进一步阐述、解析了CorelDRAW 的图形创建、效果制作和图文编排等核心技术在设计实战中的应用。

2.1 运用 CorelDRAW 设计绘制吉祥物形象

【案例分析】

在企业VI系统设计、大型节会和其他商业插画中，经常会有"吉祥物"项目的设计。吉祥物设计和标志设计一样，应注重形态的高度概括和提炼，而且要适用于多种印刷模式和工艺制作。本例是运用 CorelDRAW 软件为某企业所作的吉祥物形象和延展应用的方案，见图2-1至图2-4。

▲ 图2-1　吉祥物"火星小子"　应用方案之一

▲ 图2-2　应用方案之二　　▲ 图2-3　应用方案之三　　▲ 图2-4　应用方案之四

【教学要点】
CorelDRAW 图形创建（线条轮廓工具）和修改（形状工具）的综合应用。

【制作步骤】
① 应用"贝赛尔"工具创建人物头部的构成元素。其头发的火焰形状是用"贝赛尔"工具绘制基本轮廓，然后用"形状"工具调整节点获取理想的造型。完成其中的某项轮廓后，填充黑色，作为形象轮廓线的外缘。然后按一下小键盘上的[+]号键做原位复制。再运用"挑选"工具配合[Shift]键做中心缩小后，用"形状"工具调整图形节点，作为形象轮廓的内缘，给内缘图形对象做黄色与橙色的"渐变"填充，用两个图形叠加的方法依次得到有粗细变化的形象轮廓。运用"艺术笔"工具中的线形也可以绘制类似的轮廓，但不及这种做法规整可控，如图2-5所示。

② "形状"工具不但可以修正图形，也可以编辑修整文本。为取得个性化的字体、字形，运用"形状"工具编辑转为曲线的文字和修整图形是一样的。运用文本工具在绘图页中输入"美术文本"类型的"火星小子"字样。将文字在属性栏上执行"转换为曲线"命令后，用"形状"工具将不需要的笔画节点删除，并调整保留下的元素形状，添加所需的元素，个性化的字样就制作好了，如图2-6所示。

③ 运用创建、修整的方法，完成吉祥物形象延展应用的其他设计部分，如吉祥物形象在包装、挂旗等展示方面的应用。

▲ 图2-5 吉祥物头部形象制作步骤

2.2 运用 CorelDRAW 设计绘制徽标

火星小子 火星小子 火星小子

▲ 图2-6 字形制作步骤

【案例分析】
图2-7是运用 CorelDRAW 软件设计的"青岛之夏摩托艇比赛"徽标，立意上要突出表现其赛事的特点、形象特征和气氛。将不干胶贴通过喷绘、印刷等方法制作出成品，广泛地应用于赛事的宣传。绘制技法上主要运用了线条轮廓工具、基础图形工具和整合造型工具获取图形造型，运用"交互式调和"、"交互式透明"、"渐变填充"、"交互式网状填充"等工具制作效果，并适时地运用了图层、对齐和群组功能来完成绘图。

【教学要点】
CorelDRAW 图形创建、整合造型和交互式特效功能的综合应用。

▲ 图2-7 摩托艇比赛徽标设计

▲ 图2-8　形态绘制与效果制作同时进行来完成主体造型

▲ 图2-9　CG插画设计"阿尔山下的飞车族"

【制作步骤】

① 首先绘制徽标中驾驶摩托艇的主体形象，如图2-7。从形象中最大的形体开始，逐渐完成形象中的细节，这样的绘制次序，能够运用整合造型的"修剪"或"相交"工具，较快地获取每个形态中的局部形态。在绘制时，颜色的填充和效果的制造是同时进行的，塑造完成部分构件后，可以根据图块的相对独立性而分组、群组并调整图层的上下所在。如图2-8所示。

② 具体构件的绘制工具视其具体情况分析对待，采用与之对应的表现手法。如摩托艇中的曲面变化构件，能够采用"渐变填充"完成的，最好用渐变填充来体现质感和光感效果，简单而快捷。不适合渐变填充的构件形态，则可以运用"交互式填充"或"交互式网状填充"来表现立体效果。

③ 逐步绘制相对独立的构件时，对其色彩、明度、立体感和光感的塑造，要注意整体把握它与其他物件之间的对应关系，不要将局部细节刻画得过于突出，而与整体脱节。其次是注意设定最小的视觉元素，如摩托艇中的螺丝、标牌中的字符等，要考虑整体徽标大小尺度与细节的可视性。

④ 复杂绘图的制作往往是从局部入手的，塑造其形态时所用的颜色必须一致，设定线条宽度时注意设置成"按照图像的比例"，以避免在整体缩放时线条宽度失调。对于整体绘图中相对独立的部分，应及时群组并设置上下次序。

⑤ 依次完成驾驶摩托艇的主体形象塑造后，接下来就是绘制徽标背景、标题等协调元素。塑造背景的图形时，要注意与主体形象的动势结构相一致，并尽可能地表现出水上运动的特点和速度感，使其主体与徽标在动势结构和主次关系上融为一体，如图2-7所示。

2.3 运用 CorelDRAW 设计绘制 CG 插画

【案例分析】

本例是运用 CorelDRAW 软件创作的一幅 CG 插画（图2-9），其创意源于一篇反映阳光少年生活的文学作品——"阿尔山下的飞车族"。文学性插画与商业性插画在取材或服务对象上有区别，在技法表现上并无太多的差异。就技法而言，矢量软件绘制符号化的形象是轻而易举的，绘制较为复杂的主题性插画就要有所计划。比如形象创建的层次和构成元素与整体氛围的关系等都要有所设计。在本例中的技术应用并无太多的特效，仍然是线条轮廓的创建和修改形状获取造型，色彩渲染上也是均匀填充为主，适当地运用了半透明渐变填充。

【教学要点】
CorelDRAW 图形创建、修改、整合造型和图层管理功能的综合应用。

【制作步骤】
① 首先绘制画面中的主体角色形象，可以画一个简单的人物结构草图放置在底层，以作深入绘制时的动态参照，也可以手绘铅笔草图，导入到绘图中。如图2-10所示。

② 具体形象绘制时的创建工具选用，应当视情况而定，能够利用方、圆等图形工具的就直接采用，不适合用图形工具一次完成的则运用线条轮廓工具配合"形状"工具调整节点来获得理想造型。程序上是先绘制较大的形态，然后再做层次的丰富绘制。

③ 将主要的形态绘制完成后，再做细节结构和光影的表现。这样就可以利用整合造型工具进行"相交"或"修剪"获得叠加在主体形态之内的形态。

④ 适时地运用翻层排列对象，遮挡在对象之下的多余部分就可以不做处理了。绘制过程中运用"挑选"工具适时地为对象做倾斜、旋转或大小的变换，以得到理想造型和合适的定位。依照上述方法依次绘制出主体角色形象。

⑤ 另开设一个新的图层绘制背景，大于背景圆形之外的对象元素，可以运用"相交"、"修剪"整合工具进行裁剪，也可以运用"将对象置于容器内"的方法。

⑥ 接下来就是绘制配角元素了，如后边的骑车角色和主要角色身上的狗等。在整体画面构成中，陪衬角色的形象同样是不可忽视的，也只有陪衬角色形象与主体形象形成大小、位置、动势等元素之间的对比，才可能产生出情趣。这时细节往往是构成画面的精彩之处。技法上可以将主体角色复制后，改换发型、衣着和颜色等获得配角形象。其中的飞鸟、狗等形象则是依照主体角色形象的动势而创建的。

⑦ 在整个画面色彩渲染中，主要是采用"均匀填充"和"透明渐变填充"，虽然没有像位图照片那样变化多端，但稍显生硬的平涂，也是矢量图的特点。

2.4 运用 CorelDRAW 绘制少儿读物插画

【案例分析】
本例运用 CorelDRAW 软件为《中外童话故事》杂志创作的一幅插画（图2-11）。文中孩子们创作的诗歌是充满想象力的春意憧憬，是孩子们心中的春天。与文对应的插画，应尽可能地与诗歌文字内容、角度相统一。

在技法表现上，主要运用平涂元素和重复的方法，来体现春日的温暖与纯净；在造型上将诗意的"门缝"与书本的开合结合起来，用花草枝丫衬托主体形象。CorelDRAW 多种复制、再制技术为快速完成绘制提供了支持，体现出矢量图形与文本结合的便捷。

【教学要点】
CorelDRAW 图形创建、复制和再制等功能的综合应用。

【制作步骤】
① 在构图上将诗歌文本作为一个视觉元素对待，放置在页面空间的中心。然

▲ 图2-10　主体形象绘制步骤

春天的门缝里

春天的门缝里，
藏着鹅黄的小草芽儿，
藏着嫩绿的小树芽儿，
藏着粉红的花苞苞。
小鸟飞来了，
唱着快乐的歌儿，
小草芽儿听见了，
从门缝里探出了头；
小树芽儿听见了，
从门缝里伸出了手，
花苞苞听见了，
露出红扑扑的脸颊；
他们一起
推开了春天的门。

▲ 图2-11　少儿读物插画"春天的门缝里"

后运用图形和线条工具绘制一个男孩的形象，其形象构成是运用一个圆形的复制变化来完成，取消了轮廓线并采用均匀填充。然后复制一个男孩形象，修改动作、发型、衣服和颜色，得到女孩的形象，如图2-12所示。

② 运用多边形等图形工具制造不同种类的花朵元素，然后复制、调整，展开背景的绘制。也可以在选取一个对象后，移动鼠标到任意位置释放，复制出相同的对象，然后运用"挑选"工具做大小、位置的变化，编排也是非常方便的，这样花儿就可以"随意"开放了。

③ 注意画面中所有的颜色模式，均采用CMYK印刷模式，以确保印刷输出的色彩体现。完成绘制页面中的绘制以后，框选全部对象并群组，运用"剪裁"工具切除画面以外

的对象元素，完成插画绘制。如图2-11所示。

2.5 运用 CorelDRAW 绘制编辑童话故事书刊

【案例分析】

本例（图2-13）是为《中外童话故事》杂志创作的两个页面。在本例中图文编排和位图、矢量图的混合运用，可以表现出不同层次的视觉效果，达到图文并重的视觉导读效果。这也是 CorelDRAW 软件的一个突出的功能。

拟人化的夸张造型往往是卡通漫画和童话叙事的形象语言。将形象与图文空间结合起来，构成虚实、远近或内外的变化。这是借用了电影镜头的表述语言。

【教学要点】

CorelDRAW 的矢量形象创建、位图运用和图文编排等功能的综合应用。

【制作步骤】

① 按照杂志页面的实际尺度开设一个双开页。事先拍摄有不同质感的纸张照片，作为绘图的衬底。用有质感的位图衬底与故事中的矢量角色"混搭"，可以避免矢量图形的生硬，丰富画面的层次和情趣，让矢量形象在近似手工剪贴画的衬底上展开。

② 运用线条和轮廓工具创建主要角色形象，其方法同样是通过基础形态的创建、整形来完成造型，角色之间的对应、大小及动态的确定则是构图时需要斟酌的，在绘制时要注意位图的格式转换和分辨率，一是转换为CMYK的颜色模式，二是不低于300dpi的图像分辨率，这可以在"位图"菜单中的"转换位图"中一次设置完成。

③ 位图和矢量图的剪辑和形状修整，已无须多述，调整对象节点，就可获得理想的形态造型。

▲ 图2-12　主体角色形象绘制步骤

▲ 图2-13　少儿读物书刊页面的设计与绘制

2.6 基于 CorelDRAW 软件平台的符号化造型之一

【案例分析】

　　CorelDRAW软件突出的基本造型功能，就是符号化图形的直接创建，这种计算机技术必将加快电子媒体、纸质媒体和多媒体多元的视觉图形时代的到来。本例（图2-14~图2-16）是运用 CorelDRAW基本造型创建功能绘制的符号化插画，诸如此类的符号形象已经广泛地运用于各种领域。

【教学要点】

　　CorelDRAW 的基础造型功能的综合应用。

【制作步骤】

　　① 运用基础图形工具，因势就型地创建形象，并在此基础上配合修整、复制，结合设计构成的图形编排理论，就可以快速完成作品。本例的绘制要

▲ 图2-14　矢量插画"卡拉OK唱不完"之一

▲ 图2-15　矢量插画"卡拉OK唱不完"之二

▲ 图2-16　插画中主要的形象神态塑造

点并不在于技术、技法的繁复，而是在抽象的符号基础上，叠加了一些生动而典型的细节特征，从而使画面中的人物鲜活了起来，让人仿佛听到他们在放声高歌。

②本例在技术上运用的多是CorelDRAW的基础造型功能和相应的修改功能。

2.7 基于CorelDRAW软件平台的符号化造型之二

图2-17所示造型设计作品的基本造型元素不外乎圆形和矩形，但相同的基本造型元素却可以塑造出男女老幼等不同的角色来。这种平面化、装饰化的造型，在图书插画和实用设计案例中经常用到。

制作步骤是先绘出一个圆形，填充相应的颜色，取消轮廓线。有了这样一个元素，通过移动圆形并右击鼠标复制，改换黑色，用脸的轮廓去修剪黑色圆形，得到头发。复制脸型缩小后作为耳朵，并以此方法复制出另一个耳朵。将圆形修剪成半圆，做眼睛和嘴的造型。以此法复制，改变颜色，并相应地缩小或放大，修剪、相交，完成作品。见图2-18。

▲ 图2-17　装饰化角色形象造型设计

▲ 图2-18　形象塑造步骤

2.8 基于 CorelDRAW 软件平台的符号化造型之三

【案例分析】

本例（图2-19）是运用 CorelDRAW 软件的基本图形工具创作的符号化造型。有了这些造型符号，让它们在一个特定的环境中上演，一幅"欢乐啤酒节"的海报就完成了。

维森特·兰尼尔在他的《视觉艺术》一书中阐述设计和设计法则时说到："当一个人着手安排各个视觉要素，并根据各个要素的自身特点来表达某种意义时，这个过程就叫做设计。而安排那些已经被发现的且能最充分地表达艺术作品含义的视觉要素的方法，就称为设计的法则。"在做设计时，就是遵循设计的法则，利用方向、大小、多样化和强化手法来形成对比，用连续和层次排列来形成画面统一的。

【教学要点】

CorelDRAW 图形创建、复制和再制等功能的综合应用。

【制作步骤】

① 首先是用CorelDRAW 的图形整合造型工具并适时地运用复制、修改功能完成一系列形象符号的绘制（图2-20）。

② 接下来是运用设计法则做画面空间构图。在画面构成的过程中，元素的表情、形态、服装和体现角色的典型细节，都是遵循设计法则、充分利用软件功能来完成的。

③ 当一系列的造型元素按照一定的画面结构排列后，再随之确定与之相应的烘托气氛的次要元素，如画面中的热气球等。

▲ 图2-19 "欢乐啤酒节"海报

▲ 图2-20 元素符号的塑造

2.9 用软件技法解读民艺大师的作品

【案例分析】

图2-21所示的充满想象力和极具表现力的剪纸作品出自已故剪纸大师库淑兰之手。作品采用了概括提炼、变形夸张、立体表现和变化统一等多种艺术造型手段。当然，这位陕北窑洞炕头上的"剪花娘子"，并不是运用艺术设计理论或CorelDRAW 软件来表现她心中开满花朵的世界，而是利用她手中的一把剪刀，通过完全的"纸质媒体"来完成她的表述的。

选用这幅中国民间艺术大师的剪纸作品作为案例，意在阐述软件方法的具体运用，也在提示视觉语汇中的中国符号的拓展应用。

【教学要点】

多边形造型、交互式变形、复制、镜像、群组等技法的综合应用。

▲ 图2-21　民间艺术大师库淑兰的剪纸作品（藏于中国美术馆）

▲ 图2-22　系列花形的塑造

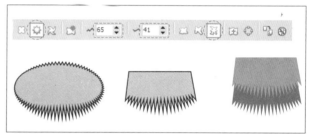

▲ 图2-23　"毛刺"形状的塑造

▲ 图2-24　鸟形的塑造

▲ 图2-25　人物的塑造

【制作步骤】

① 首先在大师的作品中选择图形元素，作为展开应用的图形。

○ 花形的造型：运用"多边形"配合[Ctrl]画一个5边形，运用"形状"工具调整其中的一个边角的节点，获取梅花形。"放着光芒"的花形，同样使用"多边形"，将其边角设定到所需的数量即可（图2-22）。

○ 绘制剪纸毛刺，可以用"贝赛尔"工具勾画，也可以先画一个椭圆形，然后打开"交互式变形"中的"拉链变形"工具，将"变形模式"设置为"局部变形"，在"拉链失真振幅"和"拉链失真频率"中输入相应的数字，来设置"毛刺"的密度。然后将其"修剪"，得到一个"毛刺"形状备用形（图2-23）。

○ 鸟形的造型：运用"贝赛尔"工具勾画外形。重叠在其外形之内的形态，可以运用"造型"中的"相交"来提取，如鸟的嘴，就可以画一个三角形，再用鸟的外形去"相交"三角形，获得嘴的形状。鸟身上的"毛刺"也是如此，将做好的"毛刺"形状放置在鸟的外形之上，然后用鸟的外形去"相交"，就得到重叠在鸟形之内的形态。绘制鸟身上的圆点装饰时，用圆形做复制、排列即可。见图2-24。

○ 人物的造型亦可参照鸟的造型方法获得，先做轮廓大形的塑造，然后添加花饰。见图2-25。

② 将塑造好的元素图形，重新构成一幅"中国民间艺术节"的海报。其构成形式是将系列的花形组合排列在一个"心"形中，将"热爱"、"民间艺术造型树"和"节日"的寓意整合于其中。然后将人物放置在下方，形成一幅形式对称的招贴画（见图2-26）。

▲ 图2-26　运用剪纸中的造型元素设计的 "2008中国民间艺术节" 招贴

2.10 基于 CorelDRAW 软件平台的书籍装帧与版式设计

【案例分析】

CorelDRAW 的文本编辑功能为书籍装帧设计提供了技术支持，矢量图形、文本、色彩和图像等书籍装帧的主要构成元素均可以在 CorelDRAW 软件平台上创建、编辑（具体方法请参见第一单元中关于文本编辑的内容）。本例是《视觉青岛》一书的封面和页面编排设计（图2-27、图2-28）。

【教学要点】

CorelDRAW 的图文编辑功能的综合应用。

【制作步骤】

① 首先确定图书开本，按照实际尺度建立一个页面模板，在模板中设定辅助线和出血定位标记，进而确定页眉、页码等固定元素的位置，这对多页面的书刊设计是非常有用的。见图2-29。

② 图书的封面设计以能够反映图书的基本内容和风格

▲ 图2-27　运用 CorelDRAW 设计的《视觉青岛》图书封面

▲ 图2-28 图书《视觉青岛》的页面版式设计

▲ 图2-29 页面模板设计图

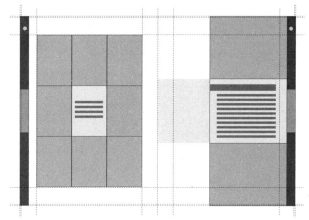

▲ 图2-30 页面版式设计

为基本原则。本例所举的图书，是一本关于青岛城市人文、风情的图文书，封面设计的总体风格应与青岛城市所具有的历史风貌相一致。图2-27所示的效果是通过位图图像的滤镜和叠加工具完成的，体现出一种斑驳感。封面图像处理也可以在 Photoshop中完成。

③ 运用 CorelDRAW 的文本编辑功能，在"字符格式化"和"段落格式化"中制定一套文本式样，包括正文的字体、大小、行间距以及标题文字的字体、大小等，建立一个模板，运用CorelDRAW 的复制属性功能，就可以获得页面版式的前后统一（图2-30）。注意页面的版式设计风格应与

封面设计风格一致。

④ 在编辑图书文本时应注意，文本在页面空间中的位置占用与图像的配合、对比等关系的协调，往往是针对形式，而非对文字含义的解读。在技术上注意最终文本定稿以后，将其"转为曲线"，以避免文本字体、位置等变化或缺失。

位图的应用方面，除关注图片的分辨率不低于300dpi，颜色模式为CMYK印刷色以外，还要注意图片缩放的"重新图样"和导入的 PSD 格式图像的转换等问题，以确保图书整个文件中的颜色、图像格式的统一并与输出相一致。

2.11 基于 CorelDRAW 软件平台的产品界面设计

【案例分析】

CorelDRAW 多种样式的颜色填充和交互式特效工具，为图形创建之后的效果制造提供了强大的表现能力。本例（图2-31）是运用图形创建、交互式渐变填充和交互式调和等工具、功能绘制的手表界面设计。这种设计表现在商业插画、包装设计、工业设计等领域经常应用，是一种将形象结构、色彩、质感和立体感一并体现出来的效果模拟设计，这是基于实物拍摄的照相技术所不能企及的效果表现。

【教学要点】

CorelDRAW 的填充、交互式特效工具功能的综合应用。

【制作步骤】

① 首先绘制手表结构造型，用 CorelDRAW 的基本图形创建工具和节点调整的"形状"工具完成每一部分的具体形态的绘制。为了更快、更有效地创建绘图，要将图形工具与绘图的管理功能综合考虑（如图层的运用，辅助线和对齐功能的运用，镜像并复制的变换功能的综合运用），来安排绘图的先后次序。在本例中，绘制手表的中心图形是运用圆形工具，而表链的设计绘制则是通过综合应用基本图形创建与镜像、复制和对齐等工具来实现的，如图2-32所示。

② 在完成了基本造型的绘制以后，接下来就是色彩、质感和立体感的表现了。运用交互式渐变填充的明暗变换来体现圆柱体的立体感，如图2-32中的表链部分。而带有倒角或曲面的形体就要运用交互式调和工具来表现，如图2-33中表链与表盘的连接部分。

③ 绘制表盘时集中应用了"挑选"工具和"使文本适合于路径"来定位分布刻度与数字。偶数对称的排列运用"挑选"工具在旋转状态下做定位复制，奇数的排列则可以运用"使文本适合于路径"的方法来完成，如图2-34所示。

④ 表盘中的低于表盘平面的小表盘绘制和表针的立体感表现，可以利用复制图形并按照光线的方向做错位移动、叠加图形或用"相交"、"修剪"的方法来完成，将作为阴影的图形做"透明度渐变"处理即可，见图2-34至图2-36所示。

▲ 图2-31 手表造型设计

▲ 图2-32 手表的基本造型绘制

▲ 图2-33 手表造型的质感和立体感表现

▲ 图2-34 表盘的造型绘制

▲ 图2-35 表盘的颜色、质感和立体感效果表现

◀ 图2-36 小表盘造型绘制与质感和立体感效果表现

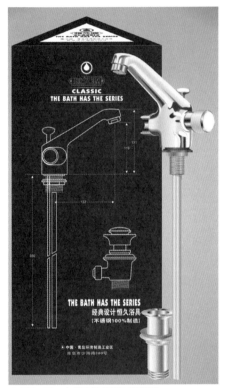

▲ 图2-37 水龙头造型和包装设计

这种造型和效果的表现也许与照片的光影变化来表现物体有一些差异，但已经足以说明产品的色彩、质感和立体感、结构了。

2.12 基于CorelDRAW软件平台的产品造型和包装设计

【案例分析】

本例是运用CorelDRAW技术表现的产品造型和包装的系列设计（图2-37），是完全彻底的CDR格式文件。当然，将矢量图与照片做对比来炫耀软件的技术性是没有意义的，但作为矢量图表现的可能性探讨和矢量图与位图的特性比较，在本例中是有所体现的。

本例的水龙头造型设计同样是运用图形创建、交互式渐变填充和交互式调和等工具、功能来完成的，包装部分则属于一个平面设计案例。

【教学要点】

CorelDRAW的造型、填充、交互式特效工具功能的综合应用。

【制作步骤】

① 首先创建水龙头的基本结构形态。线条轮廓和基本图形工具与"形状"修改工具的运用是首当其冲的，所有造型的获得都是如此，此处不再一一详述，见图2-38所示。

② 在完成了基本造型的绘制以后，进行结构曲面和层次的表现。对于有曲面变换或转向连接的物体，不能用"渐变填充"来表现立体感，而应该借助素描基础，对产品在一定光线中所呈现的受光、暗部和反光折射做理性分析，绘制出与之相应的局部形态，并结合软件中相同节点数的形态、线条可以做"交互式调和"的方法，完成产品的曲面过渡，在必要的层次中单独绘制图形，界定区域，做不同的填充。依次完成产品中抛光不锈钢、磨砂不锈钢、铜等材质的立体感表现。

③ 完成产品造型表现后，接下来考虑产品的包装设计。鉴于产品的浴具配件特性和实用性质定位，其包装应经济、实用。在能够保护、放置产品的前提下，根据产品的实际尺度，采用三角形结构的纸盒包装。在设计绘制用于包装印刷的图样时，将水龙头的尺度图和部件安装结合起来考虑，绘制了水龙头和配套部件的结构和尺度图，用做包装

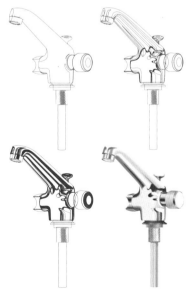

▲ 图2-38 水龙头造型和质感效果绘制步骤

的主要图形，并将相应的产品标志、生产厂家、地址等相关信息整合体现在外包装上，见图2-39。

④ 将水龙头、配件和包装按照相应的比例关系，整合到一个画面，绘制背景，完成这件产品的造型和包装设计，见图2-37。

2.13 基于 CorelDRAW 软件平台的包装设计

【案例分析】

本例是运用 CorelDRAW 软件所作的葡萄酒包装设计（图2-39），其立体效果主要是运用 "交互式网状填充" 和 "交互式透明" 工具来实现的。

用 CorelDRAW 制作时，"交互式渐变填充" 和 "交互式调和" 工具都可以表现不同效果的立体感，而 "交互式网状填充" 则是另一种特效填充，在对象的轮廓之内，以网格节点改变颜色来表现立体感。图2-40的酒瓶就是运用了 "交互式网状填充" 完成的。

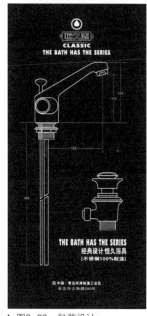

【教学要点】

CorelDRAW 造型、渐变填充和交互式网状填充功能的综合应用。

【制作步骤】

① 首先绘制酒瓶的形态。以结构素描的方法分析酒瓶的结构和透视完成绘图是一种不错的方法，在CorelDRAW 软件绘图中，也可以设置相关的参数点和辅助线，运用基本图形的创建、修整和整合来完成酒瓶的绘制。能够准确地将透视关系、对称性和造型绘制出来的方法是多样的。见图2-41。

▲ 图2-39　包装设计

▲ 图2-40　葡萄酒包装设计

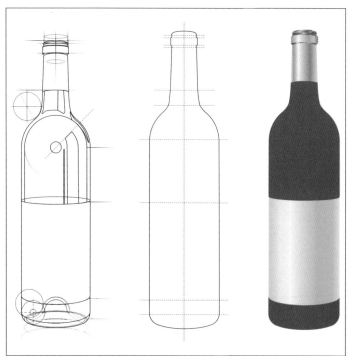

▲ 图2-41　酒瓶的绘制步骤

▲ 图2-42 "交互式网状填充"应用

▲ 图2-43 完成的酒瓶

② 有了酒瓶的整体轮廓图，瓶口和酒帖部分就可以运用整合造型工具获得。

③ 完成酒瓶的结构图块后，接下来就是分析如何表现其颜色、质感和立体感的渲染了。瓶口和酒帖部分可以运用"交互式渐变填充"来完成，注意在定义渐变填充的色彩时，与酒瓶拟定的光线、立体感相一致。

④ 酒瓶部分因直径变化所形成的曲面，可以运用"交互式网状填充"来表现。先给酒瓶填充一种基本颜色，在工具箱中点击"交互式网状填充"工具，在属性栏上的"网格大小"窗中设置网格多少，酒瓶部分就形成了一个网状。选中其中的节点，在调色板中点击所需色样，网格上就会产生有过渡的颜色改变，也就是通过选取网格中某些节点并填充颜色来塑造酒瓶部分的立体感，如图2-42、图2-43所示。

值得注意的是，网格节点所形成的颜色变换与酒瓶立体感的对应，要将受光、背光和反光表现出来。网格节点的位置与酒瓶立体感表现不相符时，在网格的空当中双击鼠标，就可以添加经纬网格。也可以编辑移动网格节点的位置、曲线等来调整颜色。

⑤ 运用基本图形工具并配合"形状"修改工具绘制酒帖的框架，输入文字，并结合"使文本适合于路径"和对齐功能完成文字的排列。酒标中的建筑图案是导入的一个位图，在"效果"菜单中执行"图框精确剪裁"，将位图"置于容器内"，如果大小或位置不合适，可以在图案上点击鼠标右键，在弹出的菜单中执行"编辑内容"，进入到容器内编辑大小或位置。

⑥ 运用"矩形"工具绘制包装袋，并导入事先准备好的瓦楞纸图片，将其分别置入包装袋的每个侧面中，来体现包装袋的材质。运用"交互式透明"的方法绘制背景，完成葡萄酒包装的绘图，如图2-40所示。

总结归纳

本单元教学强化实践环节，以深入设计实践的案例教学为主，从实战的视角说明CorelDRAW是功能强大的图形设计软件。通过较深入的案例分析和课题引导剖析CorelDRAW软件的图形创建、效果制作和图文编辑的操作技巧及运用功能，从专业的角度体现软件的设计应用价值。

学生实训作业

　　以下选编了在"图形设计"、"插画设计"、"卡通造型设计"和"书籍装帧设计"课程中，学生运用 CorelDRAW 完成的实训作业。因课程目标不同，这些作品用到的软件技巧和功能也各有侧重，但都体现了计算机技术与艺术设计创意的结合，表现出一定的设计思想。

▲ 图标设计　作者：衣孟阳

▲ 图标设计　作者：李慕芳

▲ 图标设计　作者：魏丽娟

▲ 图标设计　作者：李盼

▲ 卡通造型与延展应用设计《西瓜节》 作者:刘萌

▲ 卡通造型和插画设计《特罗猪的故事》 作者：王晓枚

▲ 插画设计《节日》 作者：孙奉丹

▲ 插画设计《神奇的鞋匠》 作者：赵萌

▲ 儿童乐园吉祥物设计　作者：刘萌

▲ 吉祥物设计《椰仔》　作者：耿蒙

▲ 吉祥物设计《凉茶》　作者：刘萌

▲ 卡通角色造型设计《依维熊》　作者：狄小卜

▲ 插画设计《飞翔的机器》　作者：王玉艳

▲ 插画设计《奏鸣曲》　作者：孙晓艳

▲ 插画设计《我们在行走》 作者：王玉艳

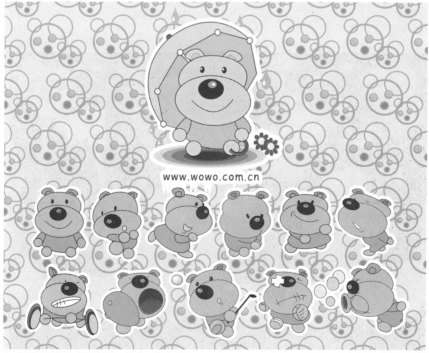

www.wowo.com.cn

▲ 卡通造型设计《喔喔熊》 作者：郭兆君

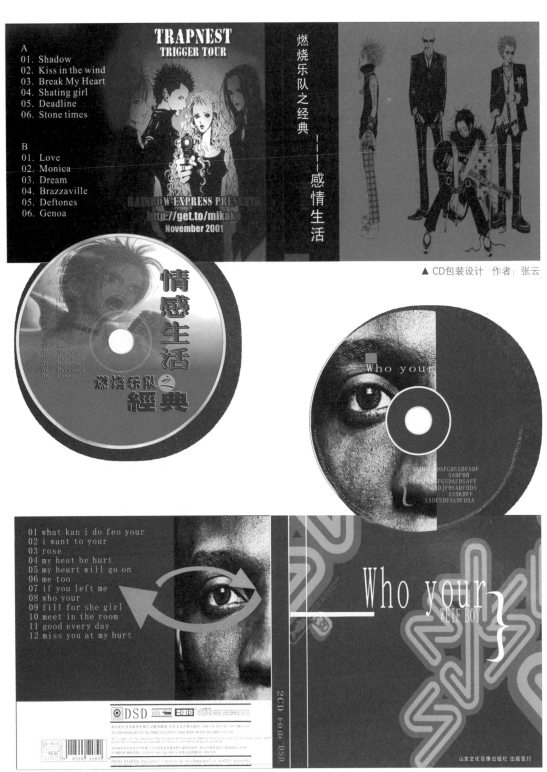

▲ CD包装设计 作者：张云

▲ CD包装设计 作者：尹超

▲ CD包装设计 作者：王程程

▲ CD包装设计 作者：李慕芳

▲ CD包装设计　作者：葛永静

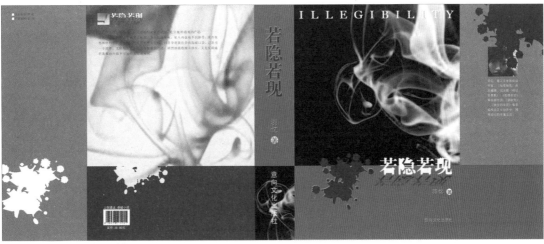

▲ 书籍装帧设计　作者：刘萌

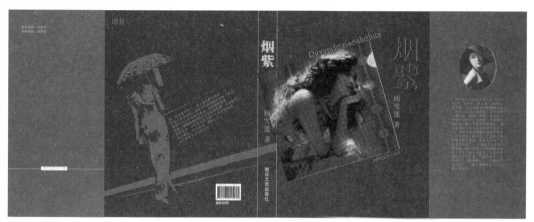

▲ 书籍装帧设计　作者：孙晓艳

▲ 书籍装帧设计　作者：张苗

参考书目

1. 高桥一郎. 杂志观感Impressions[J]. Portfolio，1989，（26）：28.
2. 揭湘沅，邹敏讷译编. 国外当代设计名家名作. 长沙：湖南美术出版社，1995.
3. 陈放编著. 世界大师设计意念. 哈尔滨：黑龙江美术出版社，1996.
4. 拥有你自己的形状——ACG国际动画教育数字电影WORKSHOP主讲Gary Gowman先生与ACG
   国际动画教育中方学术专家宇文莉女士专访[J]. Computer Arts数码艺术，2009，（6）：132~133.

后记

　　承蒙蓝先琳教授和中国轻工业出版社李颖主任的器重，将《计算机辅助设计——CorelDRAW X4》教材编写的重任交付于我。对于CorelDRAW软件，我是从1997年开始学习使用的，当时的版本是CorelDRAW 6，电脑的内存也仅有64M，但比起用手绘和贴图的方法完成各种设计表现，已经是规范快捷得让人激动不已了。十几年时光过去，计算机的软件、硬件都有了巨大的发展，CorelDRAW软件也已经更新到CorelDRAW X4（14版）。回首这个过程，不由得想起在学校教学和设计公司工作中一同切磋CorelDRAW软件运用的同仁们，还有借助于这一软件平台完成各种设计任务的日日夜夜。如果总结这一过程的经验，那就是创意思路指导下的计算机技术应用，数字技术与艺术设计思维的结合与相互促进。这在艺术设计教学实践中也得到了印证：仅仅教授软件的指令，远不能"辅助"于艺术设计，因为CG艺术整体水平的体现并不是单纯的软件指令技术，而是将设计创意与数字技术有效地结合起来，将充满情感、丰富而完整的艺术创意表现出来。

　　因此，本教材的编写，遵循了软件功能指令的排列顺序，不作CorelDRAW软件技术指令的简单重述，竭尽精力设计、筛选了能够体现CorelDRAW软件技术与艺术设计创意表现相结合的教学案例，让学生从中看到软件工具的运用与创意表达实现的过程，从而启发学生创造性地使用软件工具来实现自己的设计思想。这对于我来说无疑是具有探索和挑战性的编写工作，其中的案例设计、制作和阐述，都需付出细心和精力。即使如此，教材中所设计的教学案例尚不尽典型，所使用的技法和步骤亦非高明，但艺术设计教育中的计算机技术应用，不单单是一个公式化、标准化的技术问题，最终是要靠视觉艺术语言呈现出来，以充满情感的艺术语言影响人们的感观，正如艺术史学家贡布里希描述艺术教育那样：我们试图用敏感的手制造出能够打开感观之锁的万能钥匙，来探究艺术设计领域的教与学。

　　感谢与我一同围炉谈艺的洪涛、李伟华、林之间先生，感谢为我提供多方帮助的张岩、张静娟女士，感谢所有为此教材成书付出努力的同仁们！衷心期待着大家、高手的教正。

刘金平